Francesco Cester

Newton e la Relatività

—

Un approccio alla meccanica relativistica tramite Lex Secunda

Mutationem motus proportionalem esse vi motrici impressae,

et fieri secundum lineam rectam qua vis illa imprimitur

Francesco Cester

Newton e la Relatività

—

Un approccio alla meccanica relativistica
tramite Lex Secunda

Bibliografische Information der Deutschen Nationalbibliothek:

Die Deutsche Nationalbibliothek verzeichnet diese Publikation

in der Deutschen Nationalbibliografie; detaillierte bibliografische

Daten sind im Internet über http://dnb.dnb.de abrufbar.

Verlag:

BoD · Books on Demand GmbH, Überseering 33,

22297 Hamburg, bod@bod.de

Druck:

Libri Plureos GmbH, Friedensallee 273,

22763 Hamburg

ISBN: 978-3-8192-4682-1

Premessa

Esistono due tipi di pubblicazioni sulla Teoria della Relatività Speciale.

Alla prima categoria appartengono opere scientifiche, che si avvalgono della matematica per dimostrare in modo rigoroso le leggi relativistiche.

Questi lavori sono riservati ai lettori che dispongono delle conoscenze matematiche e fisiche necessarie per comprenderne i contenuti scientifici.

Le pubblicazioni della seconda categoria sono destinate a chi è interessato alla teoria, ma non possiede le nozioni necessarie per afferrarne il formalismo matematico.

Gli autori di questi lavori a carattere divulgativo promettono di spiegare i concetti in modo comprensibile anche a un pubblico non esperto.

Tutte le opere, sia della prima, che della seconda categoria, hanno in comune i presupposti in parte paradossali su cui si fonda la teoria della relatività.

I lettori che hanno difficoltà nell'accettare questi presupposti restano molto spesso scettici nei confronti della teoria.

Il presente lavoro avvia la discussione relativistica partendo da presupposti logici e chiari, con l'obiettivo di superare quella che, secondo l'autore, è un'interpretazione troppo restrittiva del campo di validità della meccanica newtoniana.

Infatti, dall'avvento della Teoria della Relatività Ristretta, più di un secolo fa, si è diffusa fra gli scienziati in tutto il mondo la convinzione che le leggi della dinamica di Newton siano valide solo limitatamente.

La restrizione comunemente accettata è che la meccanica newtoniana, che è basata su queste leggi, sia applicabile solo per masse costanti e a basse velocità.

Si deve nondimeno considerare che la seconda legge della dinamica di Newton, che descrive il cambiamento della quantità di moto, contiene due termini: il primo, ben noto, riguarda la variazione della velocità, mentre il secondo, generalmente ignorato, tiene conto della possibile variazione dell'inerzia.

Nella presente trattazione si mostra che, con l'uso di entrambi i termini, la seconda legge della dinamica di Newton rimane valida anche con massa variabile e ad alta velocità, ponendo così le premesse per una nuova interpretazione della Teoria della Relatività.

Le dimostrazioni qui riportate riconducono le argomentazioni fisiche a un livello più semplice e intuitivo rispetto a quello dell'interpretazione relativistica tradizionale, rendendole quindi comprensibili ed evidenti.

Nozioni elementari di meccanica classica, della fisica delle particelle e della relatività speciale sono vantaggiose per meglio comprendere le dimostrazioni matematiche.

Il lavoro termina con un capitolo che descrive i metodi usati per ottenere le dimostrazioni.

A conclusione di questa premessa, desidero sottolineare che i contenuti di questo libro sono disponibili presso lo stesso editore anche in inglese con il titolo "Newton and Relativity" e in tedesco con il titolo "Newton und die Relativität".

To conclude this preface, I would like to point out that the contents of this book are also available from the same publisher in English under the title "Newton and Relativity" and in German under the title "Newton und die Relativität".

Desidero ringraziare tutte le persone che mi hanno

sostenuto nella realizzazione di questo lavoro.

Un ringraziamento speciale va a:

Dr. rer. nat. Manfred Clemente

Dott. rer. nat. Hans-Michael Korff

Indice

Introduzione

Nella seconda metà del XIX secolo, il fisico scozzese James Clerk Maxwell unificava i fenomeni elettrici e magnetici nella teoria dell'elettromagnetismo, descrivendone le leggi fondamentali con un sistema di quattro equazioni differenziali.

Si trattava di un traguardo di enorme importanza per la fisica.

Questo successo, però, se da un lato rendeva i fisici consapevoli che, con le leggi di Newton per la meccanica e con le equazioni di Maxwell per l'elettrodinamica, la scienza fosse finalmente in grado di spiegare tutti i fenomeni naturali, dall'altro li lasciava in uno stato di incertezza.

Infatti, le equazioni di Maxwell si rivelavano incompatibili con la trasformazione di Galileo sulla quale si basa la cinematica classica.

La trasformazione adatta all'elettromagnetismo di Maxwell veniva calcolata dal fisico olandese Hendrik Antoon Lorentz. Tale trasformazione non riguardava solo la coordinata spaziale, bensì anche quella temporale.

Risolte per lo spazio vuoto, le relazioni maxwelliane si riducono all'equazione di un'onda che si propaga alla stessa velocità della luce. Questo fatto avvalorò l'ipotesi della natura elettromagnetica della luce.

Con l'interferometro di Michelson, nel 1886, veniva dimostrata la costanza della velocità della luce per tutti i sistemi di riferimento inerziali. Questo esperimento confermava l'insufficienza della cinematica classica e manifestava al contempo la necessità di sviluppare una nuova teoria fisica.

Nel 1905 Einstein, basandosi sulla costanza della velocità della luce, ricavava le trasformazioni che descrivono correttamente il comportamento dello spazio-tempo a velocità elevate. Queste trasformazioni sono le stesse che aveva calcolato Lorentz, adattandole alle equazioni di Maxwell.

Le trasformazioni di Lorentz, sostituendo quella di Galileo, eliminavano l'incompatibilità dell'elettromagnetismo con la cinematica e gettavano il fondamento per una nuova teoria: la Teoria della Relatività.

Le conseguenze immediate sono:

- Relatività della simultaneità: Eventi simultanei per un osservatore possono non esserlo per un altro in moto relativo.
- Dilatazione del tempo: Gli orologi in movimento appaiono rallentati rispetto a quelli "fermi".
- Contrazione delle lunghezze: Gli oggetti sembrano accorciarsi nella direzione del loro moto.
- Limite di velocità: Nessun oggetto fisico può superare la velocità della luce nel vuoto.

Spazio e tempo, dunque, non possono più essere considerati assoluti, come riteneva Newton. Questi sono i presupposti su cui si fonda la teoria.

Chi è riluttante ad accettare questi presupposti tende, più o meno inconsciamente, ad assumere un atteggiamento di scetticismo nei confronti della teoria stessa.

Anch'io mi sono trovato per lungo tempo in questa situazione, perciò ho cercato un altro approccio alla teoria della relatività che partisse da premesse intuitivamente accessibili.

Questo intento si è poi concretizzato nel seguente lavoro, lo stimolo alla cui stesura mi è stato dato da un articolo scientifico apparso sotto il titolo *"An elementary derivation of E=mc²"*[1] (vedi Appendice A I).

---

[1] Pubblicato nel 1990 in *American Journal of Physics*, pag. 348, Volume 58, Issue 4

Con quest'articolo il fisico austriaco Fritz Rohrlich ha dimostrato che la famosa equazione attribuita a Einstein $E = mc^2$, che attesta l'equivalenza tra massa ed energia, è ricavabile dalle leggi della fisica classica senza l'uso della meccanica relativistica.

La dimostrazione, basata sull'effetto Doppler applicato alle onde elettromagnetiche, mostra che la famosa formula di Einstein non è conseguenza esclusiva della teoria della relatività.

La questione che ora si pone è la seguente:

Presupposto che l'equivalenza fra energia e massa sia derivabile dalla fisica classica, è possibile, partendo da questo principio, avviare un approccio alla teoria della relatività che sia più accessibile di quello affermatosi dall'inizio del XX secolo?

Il metodo di dimostrazione affermatosi, partendo dal postulato della costanza della velocità della luce per tutti i sistemi di riferimento inerziali e basandosi sulle trasformazioni di Lorentz, rigetta la concezione di spazio e tempo assoluti ed è quindi non facile da recepire.

È dunque possibile seguire un percorso alternativo più intuitivo per dimostrare le leggi relativistiche?

Attraverso le mie ricerche ho potuto costatare che, partendo dalla seconda legge della dinamica in connessione con il principio di equivalenza tra energia e massa, è possibile sviluppare una nuova metodologia fisica che permette di stabilire un collegamento diretto tra la meccanica newtoniana e quella relativistica.

Il presente studio mostra i risultati di queste indagini. La trattazione si divide in tre parti:

Nella prima parte è preso in considerazione il campo di applicazione della seconda legge della dinamica (capitoli 1 e 2) e vengono presentate tre dimostrazioni alternative del principio di equivalenza fra massa ed energia (capitoli 3 e 4).

Nella seconda parte viene utilizzata la legge di Newton in combinazione col principio di equivalenza massa-energia per ottenere la dipendenza dell'inerzia del corpo materiale dalla velocità (capitolo 5) e inoltre per estendere il teorema del lavoro e dell'energia cinetica al campo delle velocità elevate (capitolo 7).

Questi due principi costituiscono poi, nel corso della terza parte della trattazione, la base su cui si fondano tutte le altre dimostrazioni.

Con riferimento a esperimenti ideali, e solo facendo uso dei principi di conservazione dell'energia e della quantità di moto, si riesce così di dimostrare, senza l'utilizzo della trasformazione di Lorentz, il teorema della composizione relativistica delle velocità (capitoli 9 e 11).

Il capitolo 14 rappresenta l'obiettivo centrale di tutta la trattazione.

Il fenomeno della costanza della velocità della luce nel vuoto, valido per tutti i sistemi di riferimento inerziali, costituisce il principio fisico più importante fra quelli che nel mondo della fisica sono attualmente considerati incompatibili con la meccanica newtoniana.

La costanza della velocità della luce rappresenta inoltre il postulato centrale della teoria della relatività e mostra al contempo la discrepanza fra meccanica classica e relativistica.

Nel capitolo 14 viene nondimeno mostrato che la conferma teorica della costanza della velocità della luce può essere addotta avvalendosi, fra l'altro, proprio della meccanica newtoniana.

Nei due ultimi capitoli, per concludere, viene dimostrata la dipendenza dalla velocità della frequenza della radiazione elettromagnetica (capitolo 16) e viene presentata una dimostrazione alternativa dell'accelerazione relativistica, basata sul secondo principio della dinamica (capitolo 17).

Per le dimostrazioni si fa solo uso dei principi universalmente validi di conservazione dell'energia e della quantità di moto.

Risultati della nuova metodologia

Come risultato dell'intera trattazione possono essere tratte le seguenti conclusioni:

- Quello di equivalenza massa-energia non è un principio necessariamente relativistico, bensì, come Einstein stesso ha dimostrato (vedi capitolo 3), un principio che può essere derivato dalle leggi della fisica classica.

- Il fenomeno di costanza della velocità della luce nel vuoto, valido per tutti i sistemi di riferimento inerziali, non è un postulato, bensì un principio teoricamente dimostrabile.

- Usando la seconda legge della dinamica come principio fondamentale, la teoria della relatività può essere considerata una logica estensione della meccanica newtoniana.

E per concludere:

Le leggi della dinamica di Newton rappresentano una base fisica molto più ampia di quanto è abitualmente ritenuto.

1 Sui limiti della meccanica classica

Dei limiti della meccanica classica per la spiegazione dei fenomeni naturali si accenna all'esordio d'innumerevoli opere sia scientifiche che divulgative sulla teoria della relatività.

In linea generale, in questi lavori si procede spesso come segue:

Normalmente si parte dagli esperimenti che dimostrano la costanza della velocità della luce in ogni sistema di riferimento inerziale, indipendentemente dallo stato di quiete o di moto di quest'ultimo.

Osservatori in moto relativo fra loro quindi, dovendo trovarsi in accordo sulla velocità della luce, non possono più esserlo, né sulla contemporaneità degli eventi, né sui tempi e nemmeno sulle dimensioni dei corpi.

Basandosi su queste ammissioni, si è costretti ad abbandonare l'idea di uno spazio e tempo assoluti.

Si evidenzia quindi la necessità di ridefinire il principio di relatività.

Si passa poi all'enunciazione delle trasformazioni di coordinate fra sistemi di riferimento inerziali[2] e alle misure di spazio e di tempo in essi osservate in funzione delle loro velocità.

Si pone infine l'accento sul dato di fatto che tutte queste ipotesi si trovino in accordo con le osservazioni sperimentali anche per velocità prossime a quella della luce.

Si conclude dimostrando i limiti della meccanica classica sia nel campo cosmologico, che in quello subatomico delle alte energie.

---

[2] Si tratta delle cosiddette trasformazioni di Lorentz. Esse si trovano in accordo con il fondamento basilare della teoria della relatività secondo cui per tutti i sistemi di riferimento inerziali, indipendentemente dal loro moto relativo, debbano essere valide le stesse leggi fisiche.

Questo è essenzialmente ciò che viene affermato della meccanica classica nelle pubblicazioni sulla teoria della relatività.

La critica si rivolge soprattutto alla trasformazione di Galilei e rivela, quindi, l'inapplicabilità della cinematica classica alle alte velocità.

Per analizzare compiutamente i limiti della meccanica classica, tuttavia, è necessario stabilire se questa insufficienza della cinematica è accompagnata da un'analoga carenza della dinamica classica.

Vediamo a quali conclusioni si perviene.

Il secondo principio della dinamica di Newton, sul quale si basa la dinamica classica, viene normalmente espresso tramite la seguente relazione fra i vettori forza e accelerazione:

$$\vec{F} = m\vec{a} \quad \Leftrightarrow \quad \vec{F} = m\frac{d\vec{v}}{dt} \qquad (1.1)$$

dove la costante di proporzionalità m, chiamata massa, rappresenta la misura dell'inerzia del corpo materiale sul quale è applicata la forza.

Partendo dalla (1.1), se consideriamo l'apporto di una quantità di energia meccanica a un punto materiale di massa m, fornito dal lavoro elementare di una forza d'intensità F per lo spostamento infinitesimo ds a essa parallelo, si ottiene la seguente equazione differenziale:

$$Fds = m\frac{dv}{dt}ds = mvdv \qquad (1.2)$$

L'integrazione della (1.2) ci dà, come vedremo più avanti, l'importante teorema del lavoro e dell'energia cinetica.

Si tenga conto che le relazioni (1.1) e (1.2) implicano la proporzionalità diretta fra forza e accelerazione per un punto materiale di massa m.

La conseguenza di questa ipotesi è che l'inerzia del punto materiale al quale è applicata la forza resti invariata al variare della velocità.

Questo vuol dire che ad esempio, estendendo il concetto dal punto materiale alle particelle atomiche, per la meccanica classica un elettrone sottoposto a un forte campo elettrico dovrebbe poter essere accelerato fino a raggiungere una velocità qualsiasi.

Ora, quest'affermazione si rivela completamente errata nel caso di velocità prossime a quelle della luce, così come dimostrano gli esperimenti eseguiti negli acceleratori di particelle elementari.

Questi esperimenti mostrano che, mantenendo costante la forza, all'aumentare della velocità si rileva un aumento dell'inerzia delle particelle che si manifesta attraverso una progressiva riduzione dell'accelerazione delle stesse.

Per velocità prossime a quella della luce l'accelerazione tende addirittura a zero.

Questo equivale a dire che per velocità elevate non è più verificabile una diretta proporzionalità fra forza e accelerazione.

Ma allora, il secondo principio della dinamica … è errato?

Niente affatto!

Il secondo principio della dinamica è generalmente valido

Il secondo principio della dinamica così come l'ha formulato Newton è corretto.

In un mio libro universitario di fisica si legge:

"La formulazione originaria del secondo principio fatta da Newton è la seguente: <u>la forza applicata ad un punto materiale è pari alla derivata rispetto al tempo del vettore quantità di moto</u>."[3]

Nella sua famosa opera "Philosophiae Naturalis Principia Mathematica" Newton scrive:

"Mutationem motus proportionalem esse vi motrici impressae, et fieri secundum lineam rectam qua vis illa imprimitur."

„*Mutationem motus*" quindi, e non „*Mutationem velocitatis*".

Vale a dire:

$$\vec{F} = \frac{d\vec{p}}{dt} \quad \Leftrightarrow \quad \vec{F} = \frac{d(m\vec{v})}{dt} \qquad (1.3)$$

Secondo l'interpretazione corretta della legge di Newton, la relazione (1.3) è l'espressione generalmente valida del secondo principio della dinamica e quindi, come dimostreremo in seguito, dovrà essere utilizzata al posto della (1.1) per una trattazione corretta della meccanica nel caso più generale.

Nella (1.3) con $\vec{p}$ viene espresso il vettore quantità di moto del corpo pari al prodotto $m\vec{v}$ della massa per il vettore velocità.

Si noti che la (1.1) rappresenta una forma semplificata della (1.3) nel caso particolare in cui si possa considerare costante la massa, cioè per velocità notevolmente inferiori a quella della luce.

Per velocità prossime a quella della luce, invece, si dovrà considerare che l'inerzia dei corpi materiali cambia in funzione della velocità e quindi anche la massa m, così come la velocità $\vec{v}$, dovrà essere differenziata.

---

[3] Daniele Sette – Lezioni di fisica – Volume I, pag. 100

Se ora consideriamo l'apporto d'energia meccanica a un punto materiale di massa m fornito dal lavoro elementare Fds di una forza d'intensità F, tenendo presente la (1.3) possiamo scrivere, analogamente alla (1.2), la seguente equazione differenziale[4]:

$$Fds = \frac{ds}{dt}dp \quad \Leftrightarrow \quad Fds = vd(mv) \quad \Leftrightarrow \quad Fds = v\,(mdv + vdm) \quad (1.4)$$

O meglio:

$$dE = Fds = mvdv + v^2dm \qquad (1.5)$$

La relazione (1.5) è di fondamentale importanza per il conseguimento degli obiettivi della presente trattazione.

Si noti che la (1.5) si riduce alla (1.2) nel caso in cui possa essere considerata costante l'inerzia del punto materiale e quindi m $(dm = 0)$.

La relazione (1.5) tiene conto del fatto che, a differenza della (1.2), e quindi nel caso più generale, un apporto di energia a un corpo di massa m sia accompagnato da un aumento dell'inerzia del corpo stesso, così come effettivamente si osserva a velocità elevate. Pertanto, l'equazione (1.5) fornisce la relazione energetica fondamentale per un successivo sviluppo della meccanica newtoniana a velocità comunque elevate.

Nel corso di questa trattazione faremo riferimento alla relazione (1.5) per le seguenti dimostrazioni alternative[5]:

---

[4] D'ora in poi rinunceremo per semplicità all'uso dei vettori e nelle formule seguenti useremo i loro moduli supponendo che lo spostamento elementare ds si verifichi sempre nella stessa direzione della forza F.

[5] In appendice AV è riportata la lista delle equazioni della meccanica trattate in questo lavoro con particolare riferimento alle relazioni relativistiche che sono direttamente ricavate dalla seconda legge della dinamica di Newton.

- La formula relativistica della massa in dipendenza dalla velocità (cap. 5)

- L'energia cinetica e totale del corpo materiale (capitolo 7)

- L'accelerazione relativistica in funzione della velocità (capitolo 17)

Dalla relazione (1.5) vengono ricavate per via indiretta anche tutte le altre formule relativistiche che sono trattate in questo lavoro.

Si può costatare che la (1.5), possedendo tre differenziali diversi fra loro, è integrabile solo nel caso in cui sia nota una seconda relazione fra l'energia $dE = Fds$ apportata e la velocità v o la massa m del corpo materiale.

Una tale relazione ci consentirebbe, infatti, di eliminare uno dei tre differenziali dall'espressione (1.5), rendendo così integrabile quest'ultima.

Come vedremo in seguito, la relazione necessaria è quella dell'equivalenza fra massa ed energia $E = mc^2$ che verrà dimostrata nel terzo capitolo con la fisica classica.

L'integrazione della (1.5) potrà quindi essere fatta nei capitoli a seguire.

La relazione normalmente utilizzata del secondo principio della dinamica esprime la diretta proporzionalità fra forza e accelerazione. Così formulata, la legge newtoniana non è in grado di spiegare l'aumento dell'inerzia delle particelle elementari osservato a velocità elevate. Se però viene interpretato correttamente come derivata temporale della quantità di moto, il secondo principio della dinamica acquisisce il carattere di legge universalmente valida e fornisce così l'espressione adatta che tiene conto della variazione dell'inerzia. L'equazione differenziale risultante non è però risolubile senza una seconda relazione fra energia e massa.

2 La legge di Newton – Un'analisi

Prima di eseguire la prima dimostrazione alternativa, è opportuno analizzare la legge di Newton in modo più dettagliato.

Come esaminato nel capitolo precedente, Newton parla di "*Mutationem motus*" che viene interpretato come variazione della quantità di moto. Newton ha dunque lasciato in eredità la sua legge all'umanità nella seguente forma compatta:

$$\vec{F} = \frac{d\vec{p}}{dt} \quad \Leftrightarrow \quad \vec{F} = \frac{d(m\vec{v})}{dt} \qquad (1.3)$$

O meglio, derivando:

$$\vec{F} = m\frac{d\vec{v}}{dt} + \vec{v}\frac{dm}{dt} \qquad (2.1)$$

Si può costatare che il vettore forza è composto di due termini.

Nel primo termine è presente la derivata della velocità fatta rispetto al tempo e, poiché la velocità è rappresentata da un vettore generalmente variabile, su questo termine non c'è niente da obiettare.

Nel secondo termine però, si ha la derivata temporale della massa e ciò è notevole, poiché in questa forma la legge può ammettere l'ipotesi di una massa variabile.

Così interpretata, la legge di Newton sarebbe stata rivoluzionaria nella sua epoca, perché allora non erano conosciuti fenomeni naturali che comportassero un cambiamento di massa.

Nella sua orbita attorno al sole, la terra raggiunge una velocità di circa 30 km/sec. Ciò si traduce in un rapporto fra la velocità della terra e la velocità della luce pari a $\beta = 0.0001$.

Un po' più elevata, è la costante di aberrazione del pianeta Mercurio con $\beta = 0,00016$. E questa di Mercurio, semmai, potrebbe essere stata la velocità più elevata che fosse a conoscenza di Newton.

Oggi sappiamo che a queste velocità non è costatabile un cambiamento di massa che sia causato dalla dipendenza cinetica dell'inerzia.

Newton non fu quindi in grado di verificare sperimentalmente una possibile dipendenza della massa dalla velocità, e tanto meno avrebbe quindi potuto specificare questa dipendenza analiticamente.

Sebbene con l'equazione (2.1) Newton avesse due termini ($m\dfrac{d\vec{v}}{dt}$ e $\vec{v}\dfrac{dm}{dt}$) a disposizione con cui avrebbe potuto sviluppare la sua meccanica, basandosi sulle conoscenze del suo tempo, utilizzò solo il primo termine:

$$\vec{F} = m\frac{d\vec{v}}{dt} \qquad (2.2)$$

E da questo termine si è sviluppata la meccanica classica, che in passato è sempre stata un caso limite in fisica, così come continua a esserlo ancora oggi.

Newton non ha potuto quindi applicare la propria legge in modo del tutto compiuto e anche la sua concezione di spazio e tempo non è corretta dal punto di vista odierno.

Così postula Newton sul tempo: „*Il tempo assoluto, vero, matematico, in sé e per sua natura senza relazione ad alcunché di esterno, scorre uniformemente ...*"

E dello spazio asserisce: *"Lo spazio assoluto, per sua natura senza relazione ad alcunché di esterno, rimane sempre uguale ed immobile ..."*

Ora però vogliamo vedere a quali conclusioni possiamo giungere oggi sulla base di esperimenti che al tempo di Newton non erano praticabili.

A questo scopo consideriamo il prodotto scalare del vettore forza $\vec{F}$ con uno spostamento infinitesimale $d\vec{s}$ orientato nella direzione di azione della forza stessa. Con il lavoro elementare viene quindi trasmessa al corpo materiale un'energia infinitesimale:

$$\vec{F} \cdot d\vec{s} = F ds = dE$$

Dalla (2.1) otteniamo quindi:

$$dE(v, m) = m\frac{ds}{dt}dv + v\frac{ds}{dt}dm$$

O meglio:

$$dE(v, m) = mvdv + v^2 dm \qquad (2.3)$$

I due termini ridefiniti nella (2.3) sono ancora chiaramente riconoscibili:

- Il primo, $mvdv$, tiene conto di un possibile cambiamento di velocità,
- il secondo, $v^2 dm$, di un'eventuale variazione di massa.

Di conseguenza, l'energia infinitesimale dE del moto lineare dipende generalmente non solo dal cambiamento di velocità, ma anche da una possibile variazione di massa.

Considerazioni sulla velocità

Ora l'equazione differenziale (2.3) dovrebbe essere integrata. Per questo è necessaria la relazione che descrive la dipendenza della massa dalla velocità, questa relazione era però sconosciuta ai tempi di Newton.

Oggi i fisici hanno a disposizione acceleratori di particelle con i quali possono essere eseguiti esperimenti a velocità diverse.

Caso $v \ll c$: Gli esperimenti mostrano che, a velocità notevolmente inferiori a quelle della luce, la massa delle particelle resta praticamente costante ($dm/dt \approx 0$). In questi casi, l'energia infinitesimale dE apportata al corpo materiale incide solo sul primo termine dell'equazione (2.3) e quindi quest'ultima può essere semplificata nel modo seguente:

$$dE(v) = mvdv + \cancel{v^2 dm} \qquad (2.4)$$

L'equazione differenziale (2.4) può essere facilmente integrata e da essa si ricava la relazione dell'energia cinetica:

$$E = \frac{1}{2}mv^2$$

E così si può continuare a sviluppare la meccanica classica.

Caso $v \to c$: A velocità molto elevate prossime a c, tuttavia, si ottengono risultati completamente diversi. Gli esperimenti mostrano che le particelle possono essere accelerate sempre di meno. Approssimandosi alla velocità della luce la loro massa sembra quindi accrescersi, mentre la loro velocità, mantenendosi sempre al disotto di c, rimane praticamente costante. Ne consegue che $dv/dt \approx 0$ già per valori non eccessivamente elevati della massa così che il termine $mvdv$ diventa trascurabile, se paragonato a $v^2 dm$. A velocità molto elevate prossime a c, dalla relazione (2.3) si ottiene quindi, per approssimazione, la seguente espressione:

$$dE(m) = \cancel{mvdv} + v^2 dm \qquad (2.5)$$

Vale a dire: in questo caso l'aumento di energia, incidendo solo sul secondo termine della (2.3), causa, a velocità praticamente costante, un incremento della massa del sistema.

Dalla (2.5) per $v \to c$ si ottiene la seguente relazione …

$$dE = c^2 dm \qquad (2.6)$$

… che, in forma infinitesimale, corrisponde al principio di equivalenza fra energia e massa $\Delta E = \Delta m c^2$. Questo vale comunque in questo caso soltanto per $v \approx c$. Non si tratta quindi di una dimostrazione generale del principio d'equivalenza fra energia e massa.

I risultati sperimentali e il primo termine della legge di Newton danno una spiegazione dei fenomeni naturali a basse velocità, così come avviene ancora oggi con la meccanica classica. Gli esperimenti mostrano però anche che a velocità elevate l'inerzia dei corpi non resta costante, con le seguenti conseguenze:

- La massa non può essere considerata constante.
- Esiste un limite superiore per la velocità.
- La trasformazione di Galilei non è applicabile a velocità elevate.
- Il secondo principio della dinamica deve essere usato con entrambi i termini che risultano dalla sua differenziazione, affinché resti generalmente valido anche per qualunque velocità.

In considerazione di queste cognizioni possiamo porci la seguente domanda:

Se col solo uso del primo termine della relazione (2.1) si può descrivere la meccanica classica, cosa si può ottenere usando entrambi i termini?

E questa domanda si sarebbe posta senz'altro anche Newton, se avesse avuto a disposizione i risultati di esperimenti a velocità elevate.

Una risposta concreta a questa domanda può essere considerata come il compito principale della presente trattazione.

A Newton allora non erano noti risultati sperimentali ad alte velocità. Per questo dedusse che la massa resta costante a qualunque velocità. Di conseguenza usò solo il primo termine della relazione (2.1).

I fisici suoi successori, ereditarono da lui entrambi i termini, ma ne usarono come lui solo uno anche dopo che divennero disponibili i risultati degli esperimenti ad alte velocità. E così ha continuato a prevalere la convinzione che la legge di Newton sia applicabile solo a basse velocità e con massa costante.

Fino ad oggi questo atteggiamento nei confronti della meccanica newtoniana non è cambiato.

Wikipedia è un affidabile indicatore dell'opinione generale nell'ambito della scienza.

Nella versione inglese dell'articolo sulle leggi della dinamica di Newton, si afferma che la relazione del secondo principio della dinamica $\vec{F} = d(m\vec{v})/dt$ è valida solo per masse costanti:

> *"[...] Since Newton's second law is valid only for constant-mass systems, m can be taken outside the differentiation operator by the constant factor rule in differentiation. [...]"* (Aggiornato al novembre 2018).

Altri fisici sono invece del parere che la seconda legge di Newton sia stata, è vero, concepita solo per una massa costante, ma che possa essere corretta, per così dire, con un "*intervento relativistico*".

Ad esempio, Richard Feynman scrive a proposito del secondo principio della dinamica di Newton nella sua opera "Lectures on Physics" (capitolo 15):

> *„For over 200 years the equations of motion enunciated by Newton were believed to describe nature correctly, and the first time that an error in these laws was discovered, the way to correct it was also discovered. Both the error and its correction were discovered by Einstein in 1905.*
> *Newton's Second Law, which we have expressed by the equation*
> $$F = d(mv)/dt,$$
> *was stated with the tacit assumption that m is a constant, but we now know that this is not true, and that the mass of a body increases with velocity. In Einstein's corrected formula m has the value*
> $$m = \frac{m_0}{\sqrt{1 - v^2/c^2}}$$
> *where the rest mass m_0 represents the mass of a body that is not moving and c is the speed of light [...]".*

Infatti, se nell'equazione $F = d(mv)/dt$ la massa m viene sostituita dalla formula $m_0/\sqrt{1 - v^2/c^2}$ della massa relativistica in dipendenza dalla velocità, la differenziazione dell'espressione fornisce come risultato la ben nota relazione dell'accelerazione relativistica (vedi A II in Appendice).

Con ciò si può per lo meno considerare confutata l'opinione di chi sostiene che la legge di Newton possa essere applicata solo a masse invariabili.

Non è però ancora tutto. Nel corso di questa trattazione dimostreremo che il secondo principio della dinamica rimane generalmente corretto, anche senza "l'intervento relativistico" menzionato qui sopra. Infatti, dalla legge di Newton, fra l'altro, può essere ricavata proprio la formula della massa $m = m_0/\sqrt{1 - v^2/c^2}$ in dipendenza dalla velocità senza l'uso di ipotesi relativistiche (si veda il quinto capitolo).

Riprendiamo in considerazione l'equazione differenziale (2.3)

Abbiamo analizzato i due casi limite in cui basta solo uno dei due termini della (2.3) per descrivere gli eventi fisici in modo sufficientemente accurato. Questi sono i due casi: velocità considerevolmente inferiore alla velocità della luce ($v << c$) e velocità prossima a quest'ultima ($v \to c$).

Che cosa succede però se la velocità si trova a essere tra questi due limiti, ad esempio nel mezzo?

In questo caso devono essere usati entrambi i termini della relazione (2.3), e quindi la meccanica sarà descritta da entrambi. Saranno quindi considerati in una formula sia i cambiamenti di velocità, sia la variazione di massa, e vedremo che la legge di Newton rimane valida.

Questo è sostanzialmente "l'approccio intuitivo alla meccanica relativistica" che l'autore di questa trattazione desidera mostrare al lettore.

Affinché non ci siano fraintesi nel corso di questa trattazione, useremo le seguenti definizioni per i vari settori della fisica e i loro risultati:

- *Meccanica classica* è denominata la parte della meccanica che fa uso solo del primo termine della relazione (2.3) del secondo principio della dinamica.

- *Meccanica newtoniana* è definita la parte della meccanica che usa entrambi i termini della relazione (2.3) del secondo principio della dinamica. Vedremo che partendo da essa possono essere derivate in alternativa le formule della teoria della relatività ristretta.

- *Fisica classica* è chiamata il campo della fisica, che rinuncia ai concetti della meccanica quantistica e all'uso diretto o indiretto delle trasformazioni di Lorentz.

- *Dimostrazioni relativistiche* sono chiamate le derivazioni di formule che usano direttamente o indirettamente le trasformazioni di Lorentz.

- *Dimostrazioni non relativistiche o alternative* sono denominate tutte quelle derivazioni che non fanno uso, diretto o indiretto, delle trasformazioni di Lorentz.

- Come *"risultati della fisica classica"* sono considerate tutte quelle formule e metodi che possono essere dimostrati teoricamente o verificati sperimentalmente per velocità significativamente inferiori a quella della luce. Questi risultati includono le formule dell'energia, della quantità di moto e dell'effetto Doppler della radiazione elettromagnetica a basse velocità.

Questi *risultati della fisica* (e solo questi) sono utilizzati nella presente trattazione per derivare alternativamente le leggi della teoria della relatività ristretta.

3 Dimostrazioni di $E = mc^2$ con la fisica classica

La dimostrazione dell'equivalenza tra massa ed energia E=mc², fatta nel contesto dell'interpretazione tradizionale della Teoria della Relatività, compare alla fine di una lunga catena di derivazioni[6].

L'inizio della catena è dato dalla trasformazione di Lorentz su cui si basa la teoria stessa.

Poiché è considerata da molti come il risultato più importante della relatività, l'equivalenza massa-energia è sempre stata l'argomento più convincente a favore della teoria nei confronti di chiunque sia riluttante ad accettarne i presupposti paradossali.

Infatti, come si può riconoscere la validità di una formula così importante senza accettare la teoria da cui è scaturita?

D'altra parte cercare di persuadere i critici con dei risultati invece di avvalersi di argomenti convincenti è un'evidente carenza di metodo.

Ciò nonostante, per molti fisici e sostenitori, che vedono in E=mc² la migliore conferma della teoria di Einstein, l'origine relativistica di questa equazione è diventata quasi un dogma.

Per loro è quindi irritante essere confrontati con l'ipotesi che l'equivalenza tra massa ed energia non presupponga necessariamente la teoria della relatività.

---

[6] Nell'opera fondamentale sulla relatività di Max Born "Die Relativitätstheorie Einsteins" viene fatta una <u>dimostrazione per approssimazione</u> di $E = mc^2$ con l'uso della formula della massa relativistica, dopo aver ricavato quest'ultima dalla composizione relativistica delle velocità, derivata a sua volta dalla trasformazione di Lorentz. Commentando la stessa dimostrazione, gli autori Brandes e Czerniawski affermano su $E = mc^2$ nel loro lavoro "Spezielle und Allgemeine Relativitätstheorie": *"Eine exakte Herleitung gibt es nicht"* tradotto: *"Non esiste una derivazione esatta"*. Come il lettore può facilmente costatare, questa affermazione è confutata nel corso di questo capitolo.

Nel corso di questa trattazione, costateremo che l'equivalenza tra massa ed energia, ricavata dalla fisica classica, rappresenta effettivamente la migliore prova della validità della Teoria della Relatività, comunque non come risultato, bensì nel ruolo di presupposto per un'interpretazione innovativa e più semplice della teoria stessa.

Oltretutto, l'irritazione e lo scetticismo sulla possibilità di dimostrare questa famosa equazione anche con la fisica classica sono infondati, dal momento che lo stesso Einstein ha fornito una prova convincente di questa possibilità.

Nella sua opera „Die Relativitätstheorie Einsteins" (quinta edizione, Springer-Verlag, pag. 244) Max Born afferma:

"L'equazione di Einstein E = mc², che attesta la proporzionalità fra energia e massa inerziale, è stata spesso definita il risultato più importante della relatività. Qui vogliamo presentare un'altra semplice dimostrazione di questa equazione che proviene dallo stesso Einstein e non fa uso del formalismo matematico della teoria della relatività [sottolineato dall'autore]. *Questa dimostrazione si avvale dell'esistenza della pressione di radiazione. Che un'onda di luce riflessa su un corpo assorbente eserciti una pressione su di esso, risulta dalle equazioni di campo di Maxwell con l'ausilio di un teorema derivato da Poynting (1884). Secondo questo teorema risulta che la quantità di moto esercitata sulla superficie assorbente da un breve lampo o impulso di luce, avente energia E, è uguale a E / c. [...]"* [tradotto dal tedesco dall'autore].

La dimostrazione che segue dopo questo citato mostra che, contrariamente alla convinzione generale, il principio di equivalenza tra massa ed energia non è un risultato esclusivo della teoria della relatività. Infatti, la derivazione dell'equazione $E = mc^2$ citata da Max Born si basa su un teorema del 1884. A quel tempo esisteva solo la fisica classica. La teoria della relatività e la meccanica quantistica sono state sviluppate in seguito.

Qui di seguito voglio ora riportare una mia dimostrazione del principio di equivalenza massa-energia analoga a quella citata qui sopra e basata sullo stesso fenomeno della cosiddetta *"pressione di radiazione"*.

Dimostrazione di E = mc² basata sulla "pressione di radiazione".

L'esperimento ideale utilizzato, invece dell'effetto della radiazione emessa in un tubo, come descritto da Max Born, si avvale dell'osservazione dei fenomeni d'emissione e assorbimento della radiazione elettromagnetica fra due corpi materiali.

Si consideri un sistema fisico costituito da due corpi materiali K1 e K2 aventi masse m uguali e che inizialmente si trovino in quiete a una distanza l l'uno dall'altro.

Si presuppone che i corpi non scambino né energia né materia con l'ambiente esterno. Inoltre si assume che i corpi non siano soggetti a forze esterne.

A causa di queste ipotesi, sono validi i seguenti presupposti per qualsiasi modifica dello stato interno del sistema:

1. **La massa del sistema resta invariata**

2. **Il centro di massa del sistema permane in quiete**

Date le masse uguali, il baricentro B del sistema si troverà esattamente al centro fra i corpi, alla distanza $l/2$ da entrambi, come illustrato in figura 1.

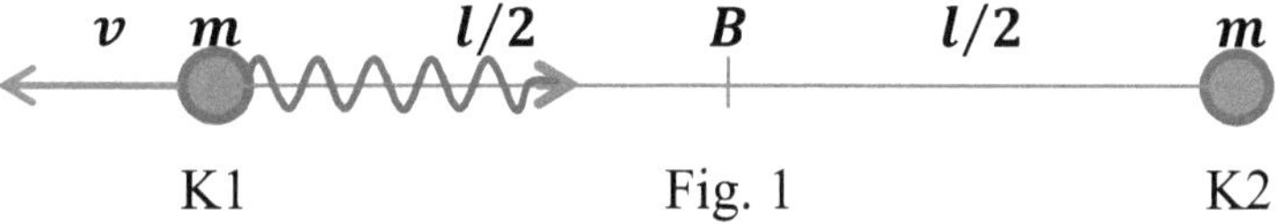

Si supponga che a un certo istante il corpo K1 a sinistra emetta un'intensa radiazione luminosa in direzione dell'altro corpo.

A causa dell'emissione della radiazione luminosa il corpo emettitore riceve un impulso e in seguito si muove con una velocità v in direzione contraria a quella della radiazione.

La prima relazione riguarda il tempo

Si assume che dopo il tempo Δt successivo all'emissione, il fascio luminoso abbia raggiunto il corpo K2 e da esso venga assorbito. Nello stesso lasso di tempo, il corpo K1 avrà percorso la distanza Δl. Pertanto, per l'intervallo di tempo trascorso fra emissione e assorbimento è valida la seguente relazione (c = velocità della luce):

$$\Delta t = \frac{l}{c} = \frac{\Delta l}{v}$$

Da cui segue:

$$v = \frac{\Delta l}{l} c \qquad (3.1)$$

La figura 2 illustra la situazione del sistema nel momento in cui il fascio di luce viene assorbito dal corpo K2.

Poiché, secondo l'ipotesi, nessuna forza esterna agisce sul sistema, nel frattempo la posizione del corpo K2 non è cambiata.

Il corpo K1 a sinistra si è però allontanato durante l'intervallo di tempo Δt ed ora si trova a una distanza $l + \Delta l$ dal corpo K2.

Da un'osservazione superficiale si potrebbe desumere che si sia spostato anche il centro di gravità B del sistema. Tuttavia, questo non è possibile perché, secondo i presupposti, nessuna forza esterna agisce sul sistema.

Da ciò si può dedurre che a causa dell'emissione del fascio luminoso, la massa del corpo K1 a sinistra, trovandosi questo a una distanza maggiore dal baricentro, deve essere diminuita di una certa entità Δm da calcolare.

D'altra parte, poiché la massa totale del sistema rimane invariata, la massa del corpo K2 a destra deve essere necessariamente aumentata della stessa quantità Δm.

Di conseguenza, dopo l'assorbimento del fascio luminoso, la massa del corpo K2 è $m + \Delta m$ mentre la massa del corpo K1 è diventata $m - \Delta m$.

$$\text{K1} \quad \Delta l \qquad\qquad l/2 \qquad\qquad B \qquad\qquad l/2 \qquad\qquad \text{K2}$$

$$m - \Delta m \qquad\qquad\qquad \text{Fig. 2} \qquad\qquad\qquad m + \Delta m$$

Quanto segue si applica alla posizione del baricentro tra due masse come in Fig. 2:

$$(m - \Delta m)(\Delta l + l/2) = (m + \Delta m)\, l/2 \quad \Rightarrow$$

$$m\Delta l - \Delta m \Delta l + m\, l/2 - \Delta m\, l/2 = m\, l/2 + \Delta m\, l/2 \quad \Rightarrow$$

$$\frac{(m - \Delta m)\Delta l}{l} = \Delta m \qquad\qquad (3.2)$$

Con la relazione (3.2) abbiamo ora a disposizione la seconda equazione necessaria per fare la dimostrazione.

La terza equazione richiesta per derivare il principio di equivalenza è fornita dal teorema di Poynting del 1884, menzionato all'inizio di questo capitolo.

Da questo teorema segue che la quantità di moto p di un fascio luminoso di energia E è: $p = E/c$. Dove c rappresenta la velocità della luce.

La legge di conservazione della quantità di moto applicata al processo di emissione del fascio luminoso richiede che l'impulso ricevuto dal corpo K1 a sinistra sia uguale alla quantità di moto del fascio luminoso:

$$(m - \Delta m)v = \frac{E}{c} \qquad (3.3)$$

Usando la relazione (3.1) nell'equazione (3.3) si ottiene:

$$(m - \Delta m)\frac{\Delta l}{l}c = \frac{E}{c} \quad \Rightarrow \quad (m - \Delta m)\frac{\Delta l}{l} = \frac{E}{c^2} \qquad (3.4)$$

E tenendo conto della relazione (3.2) otteniamo quindi:

$$\Delta m = \frac{E}{c^2}$$

Da cui si conclude che:

- L'emissione di una radiazione di energia E da parte di un corpo materiale causa una diminuzione della massa del corpo stesso pari all'energia della radiazione divisa per il quadrato della velocità della luce.

- L'assorbimento di una radiazione di energia E da parte di un corpo materiale causa un aumento della massa del corpo stesso pari all'energia della radiazione divisa per il quadrato della velocità della luce.

Data la semplicità della dimostrazione appena fatta, è logico chiedersi:

Perché persistere nel voler ricavare questa formula in modo complicato, ricorrendo a presupposti paradossali? Le soluzioni semplici non sono anche le migliori?

Dimostrazione di E = mc² basata sull'effetto Doppler della radiazione.

Un'altra dimostrazione non relativistica del principio di equivalenza di energia e massa si basa sull'effetto Doppler della radiazione elettromagnetica, come già menzionato nell'introduzione.

L'effetto Doppler è trattato nell'elettrodinamica "classica" e non rappresenta un effetto relativistico per basse velocità della sorgente luminosa emittente.

Per introdurre la dimostrazione, è necessario premettere alcune proprietà della radiazione elettromagnetica.

L'energia di un quanto di luce, detto anche fotone, è uguale al prodotto hf, e la quantità di moto di un fotone è rappresentata dal quoziente $hf\,/\,c$. Dove f è la frequenza assegnata al fotone, h è la costante di Planck e c è la velocità della luce nel vuoto.

Ne consegue che la relazione che intercorre tra l'energia E_f e la quantità di moto p_f di un fotone è la seguente: $E_f = p_f c$.

Premesso questo, si consideri ora un corpo materiale di massa m_1 che si muova rispetto a un osservatore con velocità costante v_1 notevolmente inferiore a quella della luce.

Supponiamo che a un certo istante il corpo emetta due fotoni della stessa frequenza f: un fotone nella direzione del movimento, l'altro nella direzione opposta, come mostrato in figura 3.

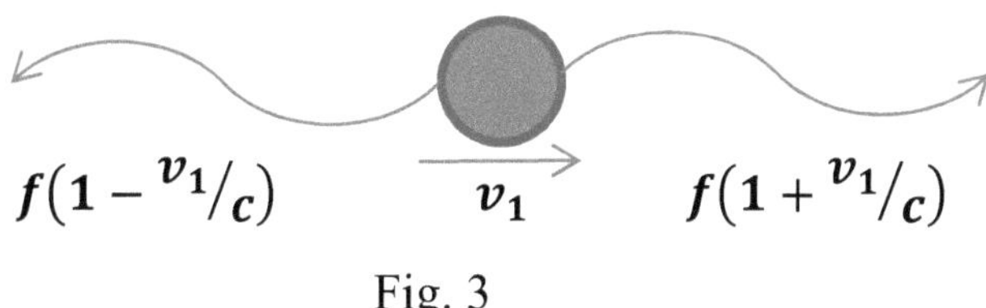

Fig. 3

L'energia irradiata dal corpo è quindi: $E = 2hf$.

L'osservatore, tenendo conto dell'Effetto Doppler, misurerà una frequenza pari a $f\left(1 + {v_1}/{c}\right)$ per il fotone emesso in direzione del moto e a $f\left(1 - {v_1}/{c}\right)$ per quello emesso in direzione opposta.

Per il principio di conservazione, la quantità di moto del corpo prima dell'emissione deve essere pari alla somma delle quantità di moto del corpo e dei due fotoni dopo l'emissione, quindi dal punto di vista dell'osservatore risulterà[7]:

$$m_1 v_1 = m_2 v_2 + \frac{hf}{c}\left(1 + \frac{v_1}{c}\right) - \frac{hf}{c}\left(1 - \frac{v_1}{c}\right) \quad (3.5)$$

Che si semplifica nella seguente espressione:

$$m_1 v_1 - m_2 v_2 = 2\frac{hf v_1}{c^2} \quad (3.6)$$

Dove m_2 e v_2 sono massa e velocità del corpo dopo l'emissione.

---

[7] La dimostrazione è qui fatta con l'uso delle moderne relazioni $f' = f(1 + {v}/{c})$ e $f' = f(1 - {v}/{c})$ per l'effetto Doppler ottico. Invece di queste, possono essere utilizzate anche le relazioni dell'effetto Doppler-Fizeau del 1848. A quel tempo, Fizeau distingueva ancora tra il movimento della sorgente luminosa e del ricettore, in base all'effetto Doppler acustico, considerando valida l'espressione $f' = f/(1 - {v}/{c})$ per l'avvicinamento e $f' = f/(1 + {v}/{c})$ per l'allontanamento della fonte luminosa. Usando queste relazioni invece delle espressioni sopra menzionate, l'equazione (3.5) deve essere modificata come segue:

$$m_1 v_1 = m_2 v_2 + \frac{hf}{c\left(1 - \frac{v_1}{c}\right)} - \frac{hf}{c\left(1 + \frac{v_1}{c}\right)}$$

Poiché questa equazione deriva dalla fisica classica, può essere utilizzata solo per $v_1 \ll c$. L'intervallo di validità deve quindi essere limitato solo a valori di v_1 per i quali risulti che il quoziente v_1^2/c^2 sia trascurabile. Ne segue:

$$m_1 v_1 - m_2 v_2 = \frac{2hf v_1}{c^2\left(1 - \frac{v_1^2}{c^2}\right)}$$

Poiché in quest'ultima relazione v_1^2/c^2 può essere posto uguale a zero senza perdita di valore, essa si riduce alla relazione (3.6). Ciò dimostra che la derivazione del principio di equivalenza E-M può essere effettuata anche utilizzando le relazioni dell'effetto Doppler di Fizeau del 1848.

Data la natura simmetrica dell'effetto (fotoni uguali emessi in direzioni opposte), dopo l'emissione non si verificherà alcun mutamento di velocità del corpo, quindi sarà: $v_1 = v_2$.

La massa del corpo materiale, invece, non resterà costante, altrimenti col primo si annullerebbe anche il secondo membro della (3.6), cosa che potrebbe però accadere solo se, contrariamente ai presupposti su cui si basa l'esperimento ideale, la frequenza f o la velocità v_1 fossero uguali a zero.

Perciò, sostituendo nella (3.6) v_1 a v_2 e ponendo Δm al posto di $m_1 - m_2$ si ottiene:

$$\Delta m v_1 = 2 \frac{hf v_1}{c^2}$$

Dopo aver semplificato e tenuto presente che $2hf$ è l'energia E irradiata dal corpo sotto forma dei due fotoni emessi, perveniamo alla formula che esprime l'equivalenza fra massa ed energia per il caso particolare della radiazione elettromagnetica:

$$\Delta m = \frac{E}{c^2} \quad \Leftrightarrow \quad E = \Delta m c^2 \qquad (3.7)$$

Vale a dire:

L'energia irradiata da un corpo materiale è pari alla perdita di massa, subita dal corpo in seguito all'emissione, moltiplicata per il quadrato della velocità della luce.

Le dimostrazioni alternative di Einstein e del fisico Fritz Rohrlich si basano sull'interazione fra materia e radiazione, e sul principio di conservazione della quantità di moto. Esse confermano, senza far uso del *"formalismo matematico della teoria della relatività"*, il principio di equivalenza fra energia e massa nel caso particolare dell'emissione elettromagnetica.

4   L'equivalenza fra energia e massa

Le dimostrazioni del capitolo precedente descrivono un aspetto molto importante della conversione fra materia ed energia. Ciò nonostante, esse non rappresentano una prova del tutto completa del principio di equivalenza energia-massa.

Infatti, nel modo in cui è stata ricavata, la (3.7) dimostra soltanto che attraverso il fenomeno di emissione elettromagnetica una parte della massa di un corpo si converte in energia.

La (3.7) non prova né che tutta la massa di un corpo si possa convertire in energia, né che sia possibile una conversione in altre forme energetiche oltre a quella elettromagnetica.

La relazione (3.7) non conferma quindi il principio di equivalenza fra energia e massa nel caso più generale.

Annichilazione elettrone-positrone

Scopo del presente capitolo è di colmare questa lacuna facendo riferimento all'osservazione sperimentale chiamata "annichilazione elettrone-positrone".

Questo fenomeno naturale può essere riprodotto in appositi acceleratori di particelle elementari chiamati "Anelli di accumulazione".

Si tratta della reazione che avviene per urto fra l'elettrone e la sua antiparticella di uguale massa e carica contraria, il positrone:

$$e^- + e^+ \rightarrow 2\gamma$$

In seguito alla collisione si forma per un tempo molto breve una particella neutra instabile che annichilandosi può dare origine a due fotoni emessi in direzioni opposte.

In figura 4 sono rappresentate le tre fasi del processo fisico appena descritto:

I. Fase   II. Fase   III. Fase

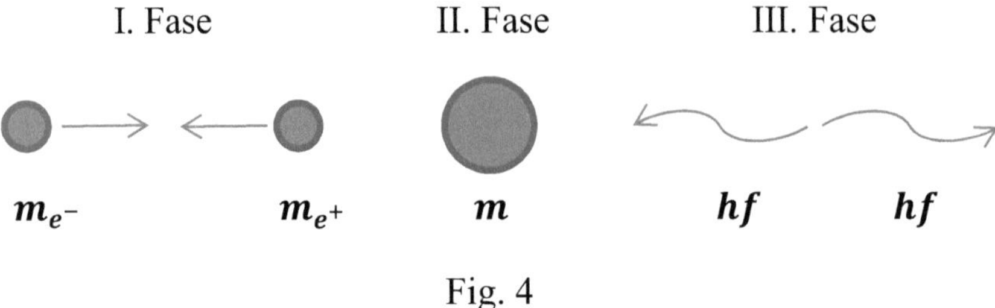

Fig. 4

Questo fenomeno è quindi molto simile all'esperimento ideale descritto nel capitolo precedente. La differenza sostanziale consiste però nel fatto che in questo caso non solo una parte, bensì tutta la massa si converte in energia.

Consideriamo ora un osservatore che si trovi ad avere una velocità $v \ll c$ rispetto alla particella instabile di massa m, formatasi a seguito della collisione. Supponiamo inoltre che la direzione del suo moto sia la stessa di quella di uno dei due fotoni.

Applicando il principio di conservazione della quantità di moto prima e dopo l'annichilazione (fasi II e III) e tenendo in considerazione l'Effetto Doppler, otteniamo[8]:

$$mv = \frac{hf}{c}\left(1 + \frac{v}{c}\right) - \frac{hf}{c}\left(1 - \frac{v}{c}\right)$$

Che si semplifica nella seguente relazione:

$$mv = 2\frac{hfv}{c^2}$$

---

[8] Anche in questo caso possono essere usate in alternativa le relazioni dell'effetto Doppler-Fizeau. A questo proposito, si veda la nota a fondo pagina del capitolo precedente.

E quindi, tenendo presente che $2hf$ è l'energia E emessa, otteniamo:

$$m = \frac{E}{c^2} \quad \Leftrightarrow \quad E = mc^2 \qquad (4.1)$$

Si tenga presente che m nella (4.1), a differenza di Δm nella (3.7), non è più soltanto una frazione, bensì tutta la massa di una particella che si è trasformata interamente in energia.

Questo ci suggerisce che possiamo quindi associare a ogni corpo di massa m un'energia che sia espressa dalla (4.1).

Quest'ultima acquisizione ci dà la possibilità di considerare un bilancio energetico delle tre fasi in cui può essere suddivisa l'osservazione sperimentale appena descritta.

Basandoci sul principio di conservazione e considerando che in base alla (4.1) si possa associare all'elettrone *l'energia interna* $m_e c^2$, per la fase immediatamente precedente alla collisione si rileverà un'energia totale del sistema costituito dalle due particelle in moto pari a $2m_e c^2 + 2E_c$, dove E_c rappresenta l'energia cinetica dell'elettrone, uguale a quella del positrone.

Per il principio di conservazione, tutta questa energia si convertirà in quella *interna* mc^2 della particella instabile prodotta in seguito all'urto. Quest'ultima si trasformerà poi nell'energia elettromagnetica dei due fotoni emessi dopo la collisione, così come descritto.

Per l'energia totale E del sistema nelle tre fasi descritte, possiamo dunque considerare la seguente relazione multipla:

$$E = 2m_e c^2 + 2E_c = mc^2 = 2hf \qquad (4.2)$$

La (4.2) attesta un caso particolarmente significativo di conversione fra massa ed energia, sia cinetica che elettromagnetica.

Si noti che nella (4.2) sia $m_e c^2$ che mc^2 rappresentano solo le *energie interne* delle particelle in stato di quiete. Un'equazione che esprima l'energia totale di una particella in moto in funzione della sua velocità non l'abbiamo ancora ricavata.

Il fenomeno "Creazione di coppie"

Concludiamo questo capitolo osservando che esiste un fenomeno reciproco a quello appena descritto, conosciuto con il nome "Creazione di coppie", la cui osservazione sperimentale rivela la formazione di un elettrone e un positrone a partire da un fotone avente un'energia superiore a 1,02 Mev.

Per energie ancora maggiori si osserva un aumento dell'energia cinetica delle particelle che si formano. Questo conferma la possibilità generale di conversione fra materia ed energia, e viceversa.

In questo capitolo si è presa in considerazione l'osservazione sperimentale chiamata "annichilazione elettrone-positrone", nella quale le due particelle si dissolvono provocando l'emissione di due fotoni. L'analisi del fenomeno ci pone in grado di dimostrare il principio di equivalenza energia-massa nel modo più generale. Fra l'altro vengono considerati il caso di conversione dell'energia cinetica in massa, così come quello della completa trasformazione della massa di una particella in energia radiante. Questi risultati ci consentono di associare a una particella in quiete un'*energia interna* data dalla formula $E = mc^2$, non ci forniscono però ancora l'espressione dell'energia totale di un corpo materiale in funzione della sua velocità.

5 Dipendenza della massa dalla velocità[9]

In questo capitolo vedremo come la formula relativistica della massa inerziale in dipendenza dalla velocità possa essere derivata dal secondo principio della dinamica in connessione con il principio di equivalenza dell'energia e della massa.

Prima di farne la dimostrazione vogliamo dare una spiegazione concettuale della dipendenza della massa dalla velocità.

Gli esperimenti negli acceleratori di particelle manifestano un fenomeno apparentemente inspiegabile con la meccanica newtoniana:

L'inerzia delle particelle aumenta all'aumentare della loro velocità

In questo capitolo vedremo che questo fenomeno è una conseguenza del principio di equivalenza ($E = mc^2$) fra massa ed energia.

Rammentiamo al lettore che quest'ultimo principio è stato dimostrato nei capitoli precedenti senza il ricorso a considerazioni relativistiche.

Con la dimostrazione del principio di equivalenza abbiamo mostrato che l'assorbimento di energia radiante da parte di un corpo materiale è accompagnato da un aumento della massa del corpo stesso.

Supposto che E sia l'energia assorbita, l'incremento di massa è uguale al quoziente E/c^2.

Basandoci sul principio di conservazione è logico estendere questa proprietà anche a tutte le altre forme di energia come segue:

---

[9] La seguente dimostrazione è stata eseguita da me indipendentemente da altri fisici nel novembre 2016. Solo dopo la pubblicazione della prima edizione di questo lavoro ho appreso da un lettore che una dimostrazione simile era già stata pubblicata nel 1961 dal professor Franz von Krbek col suo libro "Grundlagen der Mechanik".

Un assorbimento di energia determina un aumento di massa di un sistema fisico secondo l'equivalenza massa-energia $E = mc^2$.

Questo è anche ciò che si verifica quando un corpo materiale non vincolato è sottoposto a una forza esterna.

Infatti in questo caso si ha un'accelerazione accompagnata da un aumento di energia cinetica e, conseguentemente, di massa.

Schematicamente:

Aumento di velocità➔Aumento di energia cinetica➔Aumento di massa

In termini quantitativi questo concetto si traduce nella seguente identità:

Massa del corpo in moto = massa del corpo in quiete + massa dell'energia cinetica del corpo.

Di conseguenza:

L'inerzia di un corpo dipende dalla sua energia cinetica

Perciò un aumento di velocità causa un incremento della massa del "sistema" composto dal corpo materiale e dalla sua energia cinetica.

La dipendenza della massa dalla velocità è quindi una diretta conseguenza del principio di equivalenza fra massa ed energia.

Con questo concetto divergiamo in questo lavoro dalle dimostrazioni convenzionali della formula di massa relativistica.

L'interpretazione di Lorentz e Einstein si basa infatti sulla contrazione delle lunghezze ed è perciò difficile da recepire.

Un aumento di massa dovuto all'incremento dell'energia cinetica è invece intuitivamente chiaro.

Ciò crea inoltre una connessione diretta tra la meccanica newtoniana e quella relativistica.

Premesso questo, possiamo ora procedere con la derivazione della formula di massa relativistica.

Dopo la dimostrazione dell'equivalenza tra massa ed energia con la fisica classica, questa è la seconda dimostrazione di fondamentale importanza per i fini di questo lavoro.

Infatti, con la seguente derivazione della massa relativistica si ottiene la prima relazione contenente il fattore di Lorentz.

Si entra quindi nel campo di applicazione della Teoria della Relatività partendo dalla meccanica newtoniana, senza presupporre né il postulato della costanza della velocità della luce, né l'utilizzo delle trasformazioni di Lorentz.

D'altra parte, la formula della massa relativistica rappresenta la relazione basilare nel percorso alternativo qui trattato.

Infatti, essa viene utilizzata per ricavare tutte le altre dimostrazioni ivi compresa quella teorica della costanza della velocità della luce.

Descrizione della dimostrazione

Supponiamo che su un punto materiale agisca una forza costante $\boldsymbol{F}$.

Come abbiamo visto nel primo capitolo, nel caso in cui il percorso sia parallelo alla forza agente, il lavoro elementare $\boldsymbol{Fds}$ della forza, o meglio l'apporto di energia elementare $\boldsymbol{dE}$ fornito al corpo materiale, può essere espresso nel caso più generale dalla seguente equazione differenziale, ricavata direttamente dal secondo principio della dinamica:

$$\boldsymbol{Fds = dE = mvdv + v^2dm} \qquad (1.5)$$

Nella (1.5), m rappresenta una misura dell'inerzia del corpo materiale: dal punto di vista fisico tuttavia, non si tratta solo della massa del corpo, bensì, come abbiamo visto, della massa dell'intero "sistema" che è composto dal corpo materiale e dalla sua energia cinetica.

La relazione (1.5) mostra quindi che un apporto di energia, generalmente, non solo provoca un aumento della velocità del punto materiale ($mvdv$), ma ne causa anche l'aumento dell'inerzia ($v^2 dm$).

A velocità molto inferiori a quella della luce, solo l'apporto della massa del corpo è rilevante per l'inerzia, giacché l'energia cinetica si mantiene bassa.

A velocità elevate, la massa associabile all'energia cinetica non è più trascurabile. Essa diventa prevalente a velocità prossime a quella della luce, inibendo così l'accelerazione delle particelle.

Quindi, se si considera una forza elettrica costante applicata a una massa in aumento progressivo, allora dovrebbe essere chiaro perché una particella possa essere accelerata solo fino a una certa velocità e non oltre.

Si tenga presente che quest'ultimo punto è particolarmente importante per la comprensione intuitiva del processo che in questo capitolo porterà alla derivazione della prima equazione relativistica.

Nel primo capitolo è stato affermato che l'equazione (1.5) non può essere risolta mediante integrazione, se non si conosce un'altra relazione tra energia e massa.

Le dimostrazioni fatte nei capitoli precedenti 3 e 4 colmano questa lacuna fornendo la relazione mancante, infatti, dall'equazione dell'equivalenza di energia e massa $E = \Delta mc^2$ si può dedurre che non solo la massa si può trasformare in energia, ma anche che ogni apporto energetico è accompagnato da un aumento di massa.

In altre parole, *"la massa è energia e l'energia possiede massa"*[10].

Basandosi su questo principio, si può affermare che all'inerzia, che può essere attribuita all'energia dE nella (1.5), corrisponde il seguente aumento di massa dm:

$$Fds = dE = c^2 dm \qquad (5.1)$$

La sostituzione di Fds con $c^2 dm$ rende possibile eliminare il differenziale ds dall'equazione (1.5). In questo modo si ottiene un'equazione differenziale integrabile solo in funzione della massa e della velocità:

$$c^2 dm = mvdv + v^2 dm \qquad (5.2)$$

Il risultato dell'integrazione della (5.2) ci darà la relazione di dipendenza dell'inerzia dalla velocità.

La (5.2) può essere scritta nella seguente forma:

$$\frac{dm}{m} = \frac{v}{c^2 - v^2} dv \qquad (5.3)$$

Integrando il secondo membro fra il limite zero e il generico valore v della velocità e specificando con m_0 la massa corrispondente a velocità nulla, vale a dire la cosiddetta massa a riposo, otteniamo:

$$\int_{m_0}^{m} \frac{dm}{m} = \int_{0}^{v} \frac{v}{c^2 - v^2} dv = -\frac{1}{2} \int_{0}^{v} \frac{d(c^2 - v^2)}{c^2 - v^2} \qquad \Rightarrow$$

$$[ln(m)]_{m_0}^{m} = -\frac{1}{2} [\ln(c^2 - v^2)]_{0}^{v} \qquad \Rightarrow$$

---

[10] Albert Einstein, Leopold Infeld – Die Evolution der Physik, pagina 267 – Weltbild Verlag

$$ln\frac{m}{m_0} = \frac{1}{2}ln\frac{c^2}{c^2 - v^2} \qquad \Rightarrow$$

$$\frac{m}{m_0} = \sqrt{\frac{c^2}{c^2 - v^2}} \qquad \Rightarrow$$

$$m = \frac{m_0}{\sqrt{1 - \dfrac{v^2}{c^2}}} \qquad (5.4)$$

La relazione (5.4) esprime la dipendenza dell'inerzia di un corpo materiale di massa m_0 dalla velocità.

In questo modo viene confermato uno dei risultati più importanti della teoria della relatività ristretta senza l'uso delle trasformazioni di Lorentz, che costituiscono la base della teoria di Einstein.

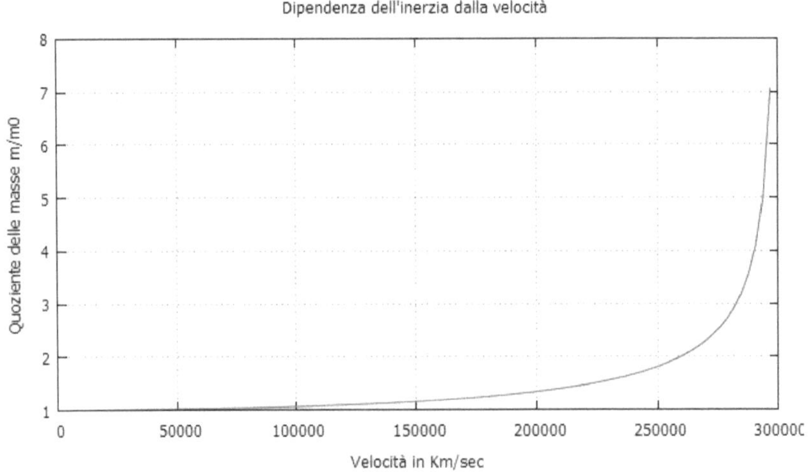

Fig. 5

Nella sua opera intitolata "Relativitätstheorie" Wolfgang Pauli afferma:

"Questa espressione per la dipendenza della massa dalla velocità è stata ricavata per la prima volta da Lorentz per la massa dell'elettrone, con l'ipotesi che anche gli elettroni in movimento subiscano la contrazione di Lorentz."[11]

Approccio innovativo alla teoria della relatività

Una cosa è certa: Con la derivazione alternativa della dipendenza della massa dalla velocità abbiamo abbandonato definitivamente il campo di applicazione della fisica classica e siamo entrati nell'ambito della teoria della relatività, tanto più che la formula in questione contiene il fattore di Lorentz.

La cosa rimarchevole è però che nella presente trattazione la formula (5.4) è stata dimostrata partendo dalla fisica classica e senza premettere l'ipotesi paradossale della contrazione delle lunghezze, così come invece presuppone la dimostrazione usuale basata sulla trasformazione di Lorentz.

Della (5.4) faremo spesso uso in seguito per la dimostrazione di altre formule relativistiche.

In tutte le dimostrazioni sarà indicata con m_0 la massa *propria* di un corpo materiale, anche chiamata massa a riposo. Con m s'intenderà invece la massa associabile a un corpo in moto in funzione della sua velocità[12].

Useremo la (5.4) ogni volta che ci servirà di passare da m_0 a m e viceversa.

Dalla (5.4), moltiplicando i membri di destra e sinistra per la velocità, si perviene all'equazione della quantità di moto del punto materiale nel caso più generale:

---

[11] Wolfgang Pauli – Teoria della Relatività, pag. 127 – Edizione Boringhieri.

[12] È importante chiarire che all'inerzia del corpo materiale contribuiscono due grandezze fisiche: l'una è la massa del corpo stesso (massa a riposo), l'altra è la massa che può essere associata alla sua energia cinetica. La massa totale è la somma di queste due masse e può essere di molti ordini di grandezza più elevata della massa a riposo del corpo materiale.

$$\vec{p} = \frac{m_0\vec{v}}{\sqrt{1 - \dfrac{v^2}{c^2}}} \qquad (5.5)$$

Dalla (5.5) si deduce, in accordo con le osservazioni sperimentali, che nessun corpo materiale può superare e neanche raggiungere la velocità della luce.

La conseguenza immediata di questa conclusione è l'inapplicabilità della trasformazione di Galilei a velocità qualunque, con la conseguenza che nel corso di questa trattazione si dovrà rinunciare al ricorso a qualsiasi trasformazione.

Si noti che, moltiplicando i membri di destra e sinistra per la velocità della luce elevata al quadrato, dalla (5.4) si ottiene anche l'espressione dell'energia totale di un corpo materiale in funzione della sua velocità:

$$mc^2 = \frac{m_0 c^2}{\sqrt{1 - \dfrac{v^2}{c^2}}} \qquad (5.6)$$

Si tenga presente che la (5.6) qui viene solo anticipata. La sua dimostrazione segue nel settimo capitolo.

La dimostrazione del principio di equivalenza fatta nei capitoli precedenti ci mette in grado di associare all'energia elementare fornita a un corpo materiale una corrispondente variazione d'inerzia. Si ottiene così la relazione necessaria per la risoluzione dell'equazione differenziale del lavoro, ricavata dal secondo principio della dinamica. Dall'integrazione si ricava la dipendenza dell'inerzia di un corpo materiale dalla sua velocità. In questo modo è dimostrato uno dei più importanti risultati della teoria della relatività ristretta, senza ricorrere alla trasformazione di Lorentz e quindi senza dover presupporre la contrazione delle lunghezze.

6 Derivazione tradizionale e alternativa della Relatività

Nei capitoli precedenti abbiamo ricavato, con un metodo innovativo, l'equivalenza fra massa ed energia e la formula della massa relativistica.

Poiché queste ultime sono anche le relazioni fondamentali che saranno usate per la derivazione alternativa della Teoria della Relatività Speciale, si dovrebbe, a questo punto, aver già un'idea concreta sui presupposti e sugli strumenti di cui ci si avvale in questo lavoro.

Prima di proseguire con le dimostrazioni, vogliamo perciò mettere a confronto il metodo tradizionale di derivazione della teoria con quello alternativo qui proposto.

È da tener presente che i due metodi, pur avvalendosi di interpretazioni diverse, conducono agli stessi risultati.

Seguono concise descrizioni dei due metodi.

Metodo di derivazione tradizionale

Il metodo di derivazione tradizionale prende l'avvio dal postulato di costanza della velocità della luce. Questo principio poté essere verificato sperimentalmente, ma non dimostrato teoricamente, in quanto in conflitto con la meccanica classica.

Presupposti fisici del metodo tradizionale

Il presupposto fondamentale del metodo tradizionale è l'estensione del principio di relatività, secondo cui la velocità della luce è la stessa per tutti i sistemi di riferimento inerziali. Ciò conferma che, anche per il trasporto dell'informazione, non esiste un sistema di riferimento inerziale privilegiato.

Segue l'insostenibilità dell'addizione classica delle velocità per la conseguente incompatibilità con la trasformazione galileiana.

Si delinea quindi, con la derivazione delle trasformazioni di Lorentz per lo spazio e il tempo, una nuova interpretazione della cinematica, con le seguenti conseguenze: contrazione delle lunghezze, dilatazione dei tempi e altre assunzioni paradossali.

Si riconosce che, a differenza di quella galileiana, la trasformazione di Lorentz è anche in accordo con le leggi dell'elettromagnetismo di Maxwell. Da essa si ricava il teorema relativistico di composizione delle velocità.

La meccanica relativistica viene quindi sviluppata sulla base della nuova cinematica.

Nell'ambito della cinematica relativistica la massa costante non è più in accordo con la legge di conservazione della quantità di moto.

Dal teorema di composizione delle velocità è ricavata la formula della massa relativistica che conferma che la variazione, sperimentalmente rilevata dell'inerzia dei corpi, è una conseguenza della dipendenza della loro massa dalla velocità.

Anche tutte le altre relazioni relativistiche vengono ricavate ponendo come presupposto la trasformazione di Lorentz. Quest'ultima rappresenta il fulcro del metodo di derivazione tradizionale.

Conseguenze dell'interpretazione tradizionale

Lo spazio e il tempo non possono più essere considerati assoluti. Essi perdono la proprietà dell'invarianza e devono essere considerati come dipendenti dalla velocità del sistema di riferimento.

Conclusione

Il metodo di derivazione tradizionale parte da premesse discordanti dalla meccanica classica e in parte paradossali.

Non esiste una connessione diretta tra la meccanica classica e quella relativistica.

Il metodo di derivazione tradizionale ha provocato una rivoluzione nell'ambito della fisica. Nel passato esso ha suscitato aspra critica da parte degli oppositori e illimitata ammirazione da parte dei sostenitori. Nonostante il suo fascino, non è intuitivo e rimane tutt'oggi di difficile comprensione.

Metodo di derivazione alternativo

Il metodo di derivazione alternativo qui presentato è basato sul principio di equivalenza fra massa ed energia $E = mc^2$, che viene ricavato dalle leggi della fisica classica.

La seconda legge della dinamica, utilizzando l'equivalenza tra massa ed energia porta alla derivazione della formula della massa relativistica.

Con la derivazione di questa prima formula contenente il fattore di Lorentz, si stabilisce un collegamento logico tra la meccanica newtoniana e quella relativistica.

Presupposti fisici del metodo alternativo

Questo procedimento permette di riconoscere facilmente che, alle alte velocità, la dipendenza dell'inerzia del corpo materiale dalla velocità è dovuta alla massa associata alla sua energia cinetica e non alla variabilità della sua massa in funzione della velocità.

La meccanica relativistica viene successivamente sviluppata ricorrendo all'equivalenza fra massa ed energia e alla formula della massa relativistica, con l'utilizzo delle leggi di conservazione dell'energia e della quantità di moto. Le trasformazioni per lo spazio e il tempo non vengono usate.

In questo modo, fra le altre, viene dimostrata anche la relazione della composizione relativistica delle velocità.

Da questa formula è possibile ricavare la costanza della velocità della luce.

Così derivata, quest'ultima non deve più essere considerata un postulato, ma piuttosto un principio fisico teoricamente dimostrabile.

Con l'utilizzo dei principi di conservazione dell'energia e della quantità di moto viene anche dimostrata la relazione della contrazione delle lunghezze in funzione della velocità.

Quest'ultima formula permette quindi di ricavare le trasformazioni relativistiche per lo spazio e il tempo, che risultano identiche a quelle ottenute da Lorentz dalle leggi dell'elettromagnetismo e da Einstein con l'ipotesi di costanza della velocità della luce.

Conseguenze del metodo alternativo

Le conseguenze del metodo di derivazione alternativo sono le stesse del metodo di derivazione tradizionale: lo spazio e il tempo non possono più essere considerati assoluti. Essi perdono la proprietà dell'invarianza e devono essere considerati come dipendenti dalla velocità del sistema di riferimento.

Conclusione

Il metodo di derivazione alternativo giunge agli stessi risultati di quello tradizionale senza far uso né di postulati né di premesse paradossali.

Esso parte dal principio di equivalenza massa-energia, che è ricavabile dalla fisica classica.

Si dimostra che esiste una connessione diretta tra la meccanica classica e quella relativistica.

Il metodo di derivazione alternativo qui descritto è intuitivo e di facile comprensione.

7   Il calcolo dell'energia cinetica e totale

In questo capitolo vedremo come la formula relativistica dell'energia cinetica e totale possa essere derivata dal secondo principio della dinamica in connessione con il principio di equivalenza dell'energia e della massa.

Prima di farne la dimostrazione vogliamo dare una spiegazione concettuale del risultato finale.

Spiegazione euristica della derivazione

Dal principio di equivalenza tra massa e energia consegue che l'energia corrispondente a una massa m_0 è pari a $m_0 c^2$.

Nella dimostrazione del suddetto principio si è supposto che la massa m_0 si trovi in quiete.

Questa condizione non è però necessaria. Ciò implica la possibilità di estendere l'equivalenza massa-energia anche a masse in moto.

Nel caso più generale possiamo asserire che il principio di equivalenza possa essere espresso dalla seguente relazione:

$$E = \frac{m_0 c^2}{\sqrt{1 - \dfrac{v^2}{c^2}}} \qquad (7.0)$$

La (7.0) è ottenuta sostituendo alla massa a riposo il corrispondente termine di una massa in movimento in dipendenza della velocità (vedi cap. 5).

In quest'ultimo caso la relazione (7.0) esprime l'energia totale di un corpo materiale in moto.

Poiché si tratta di un corpo non vincolato, la sua energia totale dovrà necessariamente corrispondere solo alla somma delle energie cinetica e a riposo:

$$\frac{m_0 c^2}{\sqrt{1 - \dfrac{v^2}{c^2}}} = E_c + m_0 c^2 \qquad (7.5)$$

Per l'energia cinetica si ricava quindi la seguente relazione:

$$E_c = \frac{m_0 c^2}{\sqrt{1 - \dfrac{v^2}{c^2}}} - m_0 c^2 \qquad (7.4)$$

Ora vogliamo vedere come il secondo principio della dinamica di Newton ci possa fornire una dimostrazione rigorosa della stessa relazione dell'energia cinetica e totale del corpo materiale.

Dimostrazione con la legge di Newton

Il Secondo Principio della Dinamica, in connessione con la relazione $E=mc^2$ e con la formula della massa relativistica, consente una derivazione alternativa dell'energia relativistica del corpo materiale.

Poiché sia il principio di equivalenza fra energia e massa $E=mc^2$, sia la formula della massa in funzione della velocità sono stati dimostrati senza l'ausilio di assiomi relativistici, questa derivazione dell'energia relativistica rappresenta il terzo anello nella catena di dimostrazioni che, partendo dalla fisica classica, conduce alla Teoria della Relatività Speciale su un percorso alternativo semplice e facilmente accessibile.

La formula dell'energia relativistica qui ricavata viene utilizzata in seguito, insieme a quella della quantità di moto, per dimostrare tutte le altre formule della Relatività Speciale, compresa quella della composizione relativistica delle velocità.

Quest'ultima relazione consente quindi di dimostrare teoricamente la costanza della velocità della luce.

Calcolo dell'energia cinetica della meccanica classica

Col teorema del lavoro e dell'energia cinetica può essere calcolata l'energia cinetica E_c apportata a un corpo materiale dal lavoro di una forza F agente su di esso.

La trattazione abitualmente fatta con la meccanica classica può essere esposta come segue:

Supponendo la massa costante, si può utilizzare l'equazione differenziale (1.2) che, come abbiamo visto nel primo capitolo, è una conseguenza diretta della (1.1):

$$\vec{F} = m_0 \vec{a} \quad \Leftrightarrow \quad \vec{F} = m_0 \frac{d\vec{v}}{dt} \qquad (1.1)$$

L'apporto infinitesimale all'energia cinetica arrecato dal lavoro elementare Fds è di conseguenza[13]:

$$dE_c = Fds = m_0 v dv \qquad (1.2)$$

Integrando per una velocità iniziale nulla si ottiene l'espressione dell'energia cinetica:

$$E_c = m_0 \int_0^v v\, dv = \frac{1}{2} m_0 v^2 \qquad (v \ll c) \qquad (7.1)$$

---

[13] Così come in precedenza, viene anche qui presupposto che lo spostamento infinitesimale ds proceda nella stessa direzione della forza F.

Poiché ricavata dalla (1.1), la (7.1) esprime l'energia cinetica di un corpo di massa m_0 solo nei casi in cui, per velocità v notevolmente inferiori a quella della luce, l'inerzia del corpo materiale resti praticamente costante.

Calcolo dell'energia cinetica relativistica

Nel caso più generale, che prevede anche velocità prossime a quella della luce, si dovrà invece utilizzare la seguente espressione …

$$dE_c = Fds = v^2 dm + mvdv \qquad (1.5)$$

… in accordo con quanto esaminato nel primo capitolo.[14]

Se prendiamo in considerazione le due relazioni esaminate nel quinto capitolo …

$$Fds = dE_c = c^2 dm \qquad (5.1)$$

$$m = \frac{m_0}{\sqrt{1 - \dfrac{v^2}{c^2}}} \qquad (5.4)$$

… vediamo che per sostituzione, esse ci consentono di eliminare la massa m dalla (1.5).

In questo modo otteniamo l'espressione necessaria che ci consente di risolvere l'equazione differenziale (1.5) così come segue.

Dalla (5.1) ricaviamo:

$$dm = \frac{dE_c}{c^2} \qquad (7.2)$$

---

[14] Si tenga presente che, in questo caso come anche in seguito, prenderemo sempre in considerazione corpi materiali rigidi non vincolati e quindi privi di energia potenziale. I corpi qui considerati possono essere perciò assimilati alle particelle subatomiche. Premesso ciò, è quindi evidente che il lavoro elementare espresso dalla (1.5) si trasformi interamente in energia cinetica.

Sostituendo la (5.4) e la (7.2) nella (1.5) otteniamo la seguente relazione fra l'energia meccanica apportata a un corpo materiale sotto forma del lavoro elementare di una forza $\boldsymbol{F}$ e la sua velocità $\boldsymbol{v}$:

$$dE_c = v^2 \frac{dE_c}{c^2} + \frac{m_0}{\sqrt{1 - \frac{v^2}{c^2}}} v\,dv \qquad \Rightarrow$$

$$\left(1 - \frac{v^2}{c^2}\right) dE_c = \frac{m_0 v}{\sqrt{1 - \frac{v^2}{c^2}}} dv \qquad \Rightarrow$$

$$dE_c = \frac{m_0 v}{\left(1 - \frac{v^2}{c^2}\right)^{\frac{3}{2}}} dv \qquad (7.3)$$

Mettendo a confronto le relazioni (1.2) e (7.3), si può costatare che in entrambe il differenziale dell'energia cinetica $\boldsymbol{dE_c}$ è espresso soltanto in dipendenza della massa a riposo $\boldsymbol{m_0}$ e della velocità $\boldsymbol{v}$.

Solo la relazione (7.3) rappresenta però la forma più generalmente valida per il calcolo dell'energia cinetica a velocità comunque elevate.

È facile verificare che la (7.3) si riduce alla (1.2) nel caso in cui $\boldsymbol{v} << \boldsymbol{c}$.

Così come la (1.2) ci dà per integrazione l'energia cinetica di un corpo materiale supponendone costante l'inerzia, l'integrazione della (7.3) dovrà ora risolvere il teorema del lavoro e dell'energia cinetica nel caso applicativo più generale, cioè anche per velocità prossime a quella della luce.

Per il calcolo dell'energia cinetica si procederà, analogamente alla (1.2), con il calcolo dell'integrale della (7.3) fra il valore iniziale nullo e quello generico $\boldsymbol{v}$ della velocità:

$$E_c = m_0 \int_0^v \left(1 - \frac{v^2}{c^2}\right)^{-\frac{3}{2}} v\,dv \qquad \Rightarrow$$

$$E_c = -\frac{1}{2} m_0 c^2 \int_0^v \left(1 - \frac{v^2}{c^2}\right)^{-\frac{3}{2}} d\left(1 - \frac{v^2}{c^2}\right) \qquad \Rightarrow$$

$$E_c = -\frac{1}{2} m_0 c^2 \left[\frac{\left(1 - \frac{v^2}{c^2}\right)^{-\frac{1}{2}}}{-\frac{1}{2}}\right]_0^v \qquad \Rightarrow$$

$$E_c = m_0 c^2 \left(\frac{1}{\sqrt{1 - \frac{v^2}{c^2}}} - 1\right) \qquad \Rightarrow$$

$$E_c = \frac{m_0 c^2}{\sqrt{1 - \frac{v^2}{c^2}}} - m_0 c^2 \qquad (7.4)$$

La relazione (7.4) ci dà l'espressione dell'energia cinetica di un corpo in funzione della sua massa e velocità.

Essa coincide con la formula dell'energia cinetica ricavata con il metodo di derivazione relativistico tradizionale basato sulla trasformazione di Lorentz.

Se si divide il membro a destra della (7.4) per c^2 si ottiene la massa associata all'energia cinetica: $m_c = m_0/\sqrt{1 - v^2/c^2} - m_0$. È questa la massa che inibisce l'accelerazione delle particelle alle alte velocità (vedi capitolo 5).

Si può mostrare, oltre che con lo sviluppo in serie di Taylor anche con il seguente procedimento, che la (7.4) si riduce alla (7.1) per $v << c$:

Infatti, per velocità notevolmente inferiori a quella della luce il quoziente $v^4/4c^4$, essendo d'ordine superiore, ha un valore trascurabile rispetto al rapporto v^2/c^2 e quindi può essere aggiunto al radicale della (7.4) senza che ne sia alterato il valore:

$$E_c = \frac{m_0 c^2}{\sqrt{1 - \frac{v^2}{c^2} + \frac{v^4}{4c^4}}} - m_0 c^2 \qquad \Rightarrow$$

Il denominatore è la radice quadrata del quadrato di un binomio, perciò:

$$E_c = \frac{m_0 c^2}{1 - \frac{v^2}{2c^2}} - m_0 c^2 \qquad \Rightarrow$$

$$E_c = \frac{\cancel{m_0 c^2} - \cancel{m_0 c^2} + \frac{1}{2} m_0 v^2}{1 - \frac{v^2}{2c^2}}$$

Questa espressione si riduce quindi alla (7.1) per $v \ll c$.

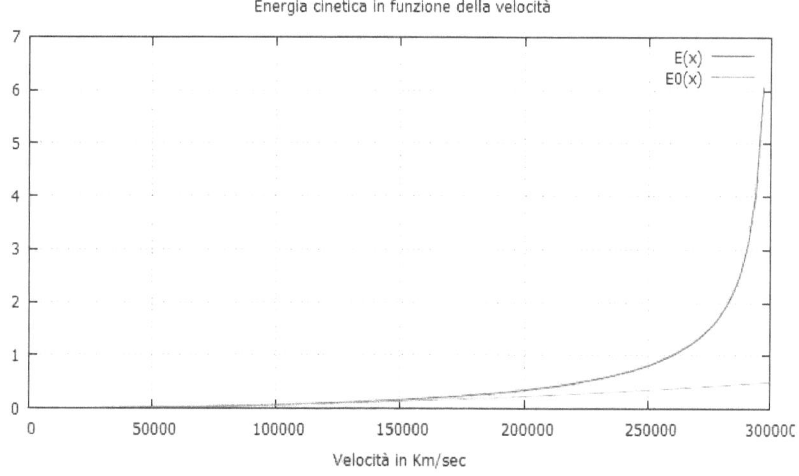

Fig. 6

In figura 6 sono messe a confronto le curve dell'energia cinetica ricavate per mezzo della (7.1) (curva verde) e della (7.4) (in violetto).

Si osserva che, per basse velocità, le due curve effettivamente coincidono. Esse divergono però sempre di più per velocità che si avvicinano a quella della luce.

Prendendo in considerazione l'espressione (5.4), la (7.4) può anche scriversi così:

$$mc^2 = \frac{m_0 c^2}{\sqrt{1 - \dfrac{v^2}{c^2}}} = E_c + m_0 c^2 \qquad (7.5)$$

La (7.5) ci fa pervenire a quest'importante risultato:

Poiché il secondo membro della (7.5) è uguale alla somma delle energie cinetica e interna, ne risulta che mc^2 o meglio $m_0 c^2 / \sqrt{1 - \dfrac{v^2}{c^2}}$ è pari all'energia totale del corpo materiale in funzione della sua velocità.

Questo conferma quanto era stato anticipato ma non dimostrato nel quinto capitolo tramite la (5.6).

Le espressioni ricavate nei capitoli 4 e 5 del lavoro elementare e della massa in funzione della velocità ci consentono di eliminare per sostituzione la massa dipendente dalla velocità dall'equazione differenziale del lavoro. L'integrazione di quest'ultima ci fornisce come risultato finale l'espressione dell'energia cinetica e, contemporaneamente, quella dell'energia totale di un corpo materiale in funzione della sua velocità. Anche queste espressioni si trovano in perfetto accordo con quelle ricavate con considerazioni relativistiche.

8 Il triangolo relativistico E-p-m

Il triangolo relativistico E-p-m illustra in modo molto chiaro le relazioni che intercorrono tra energia, quantità di moto e massa del corpo materiale a velocità elevate.

Nei capitoli precedenti abbiamo visto che in quasi tutte le formule ricorre il valore reciproco $\sqrt{1 - v^2/c^2}$ del cosiddetto fattore di Lorentz. Questo termine ci ricorda il teorema di Pitagora.

Infatti, se immaginiamo un triangolo rettangolo la cui ipotenusa sia uguale a 1 e uno dei cateti sia uguale a $\sqrt{1 - v^2/c^2}$, allora l'altro cateto risulterà uguale a v/c come mostrato in figura 7.

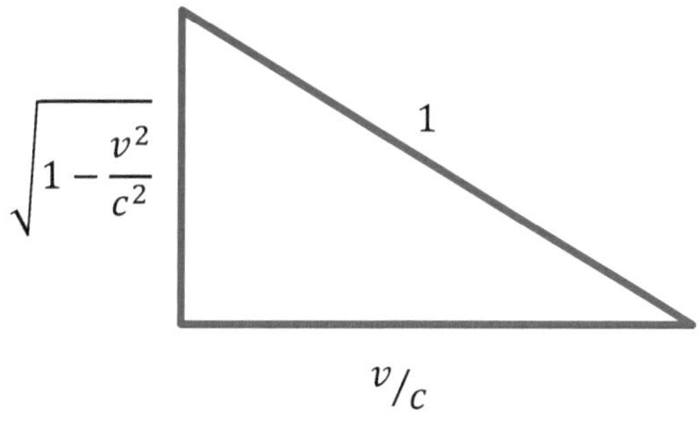

Fig. 7

Si moltiplichino ora tutti i lati per l'energia totale di un corpo materiale che, dal capitolo precedente, sappiamo sia pari a mc^2. Tenendo presente la (5.4) risulterà:

Primo cateto $= mc^2\sqrt{1 - v^2/c^2} = m_0 c^2$

Secondo cateto $= mvc$

Ipotenusa $= mc^2$

In questo modo si ottiene il così detto triangolo relativistico illustrato in figura 8.

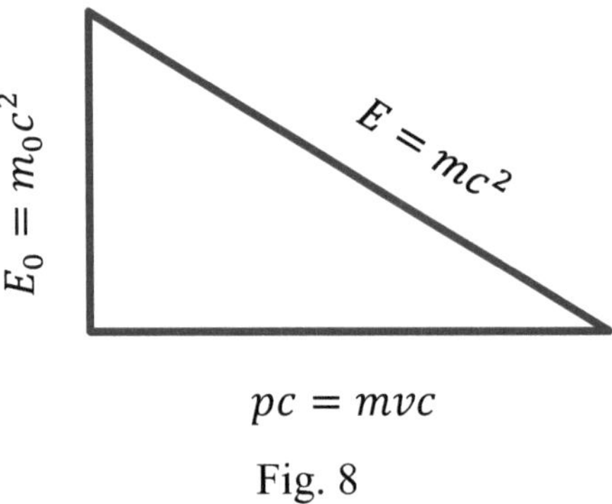

Fig. 8

Dal triangolo relativistico possono essere ricavate le seguenti informazioni riguardanti l'energia cinetica, l'energia totale, la quantità di moto e la massa.

Energia cinetica

Nel capitolo precedente abbiamo dimostrato che l'energia cinetica relativistica è data dalla seguente relazione:

$$E_c = \frac{m_0 c^2}{\sqrt{1 - \dfrac{v^2}{c^2}}} - m_0 c^2 \qquad (7.4)$$

Oppure, indicando con m la massa relativistica:

$$E_c = mc^2 - m_0 c^2$$

Questa relazione può essere illustrata geometricamente come differenza dell'ipotenusa e del cateto verticale del triangolo relativistico illustrato in figura 8.

In linea generale, si può constatare che, quanto più lungo è il cateto verticale, tanto minore è l'energia cinetica e viceversa.

Energia totale

Applicando il teorema di Pitagora al triangolo di figura 8 possiamo ricavare le seguenti espressioni per l'energia totale E e per la quantità di moto p:

$$E = mc^2 = c\sqrt{p^2 + m_0^2 c^2} \qquad (8.1)$$

Quantità di moto

$$p = \sqrt{\frac{E^2}{c^2} - m_0^2 c^2} \qquad (8.2)$$

La (8.1) ci conferma che per la quantità di moto $p = 0$ l'energia totale E si riduce al valore $m_0 c^2$ della sola massa a riposo. Questo valore corrisponde all'energia *interna* di un punto materiale avente massa m_0.

Massa

La (8.2) mostra che possono esistere oggetti fisici con una massa a riposo $m_0 = 0$. In questo caso la quantità di moto assume il valore: $p = E/c$, così come è effettivamente osservato nel caso dei quanti di luce[15].

La (8.2) mostra però anche che non possono esistere oggetti fisici con un'energia E nulla, altrimenti la quantità di moto assumerebbe un valore immaginario e quindi non ammissibile dal punto di vista fisico.

---

[15] È interessante notare che a questo punto riaffiora la relazione della quantità di moto della radiazione elettromagnetica che abbiamo utilizzato per dimostrare il principio di equivalenza tra massa ed energia $E = mc^2$ e dal quale ha preso avvio il metodo di dimostrazione alternativo della teoria della relatività descritto in questo lavoro.

Dal triangolo relativistico E-p-m si può dedurre anche un altro importante risultato:

Se la massa m_0 di una particella è uguale a zero, ne risulta come conseguenza che il cateto verticale in figura è uguale a zero e quello orizzontale diventa uguale all'ipotenusa.

Di qui segue:

$$mvc = mc^2 \quad \Rightarrow \quad v = c$$

Questo significa che oggetti fisici privi di massa si propagano necessariamente con la stessa velocità della luce.

Esempi di particelle elementari che si propagano con la velocità della luce, sono i quanti mediatori delle forze d'interazione elettromagnetica e gravitazionale. Vale a dire: i fotoni e i gravitoni.

Nel contesto della teoria della cromodinamica quantistica si presume che anche le particelle di scambio dell'interazione nucleare forte, chiamate gluoni, si muovano alla velocità della luce.

I risultati dei capitoli precedenti possono essere sintetizzati nella rappresentazione geometrica del cosiddetto triangolo E-p-m che illustra in modo particolarmente chiaro le relazioni che intercorrono fra energia, quantità di moto e massa.

9 Composizione delle velocità di due elettroni in collisione

In questo capitolo viene ricavata la composizione relativistica delle velocità con un esperimento mentale basato sulla collisione anelastica di due elettroni.

Due osservatori O_e e O_L in moto relativo fra di loro, esaminano il processo fisico indipendentemente l'uno dall'altro. Entrambi usano la legge di conservazione dell'energia per i loro calcoli. Quindi mettono a confronto i loro risultati usando la massa a riposo m_0 della particella formata, che è invariante per entrambi.

Da due equazioni si ottiene quindi una singola relazione, che rappresenta la velocità relativa tra gli elettroni in funzione delle velocità dei singoli elettroni.

Con questo metodo deriveremo ora il teorema di composizione relativistica delle velocità nel caso speciale in cui queste ultime siano uguali, come segue.

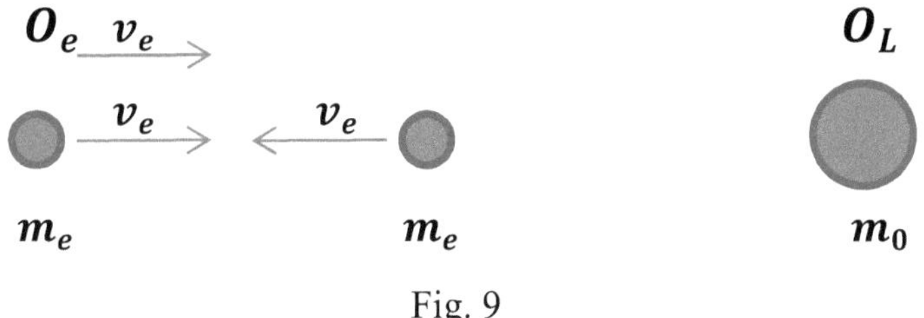

Fig. 9

Si immagini l'urto centrale di un elettrone e un positrone che prima della collisione si avvicinino con velocità v_e uguali.[16] Si assume che la perdita di energia causata dall'interazione elettromagnetica tra gli elettroni sia trascurabile se paragonata all'elevata energia cinetica delle particelle collidenti.

---

[16] Un esperimento di questo tipo è stato effettivamente fatto e ripetuto innumerevoli volte, fra l'altro, in acceleratori di particelle chiamati anelli di accumulazione, già negli anni sessanta.

S'immagini che in seguito all'urto si formi una particella con massa a riposo m_0 che si trovi in quiete rispetto a un osservatore O_L (vedi Fig. 9).

Quest'ultimo, ammesso che conosca le velocità v_e degli elettroni collidenti, potrà calcolare la massa della particella formatasi, per mezzo della seguente espressione, che tiene conto della conservazione dell'energia prima e dopo l'urto:

$$m_e c^2 + m_e c^2 = m_0 c^2 \qquad (9.1)$$

Dove m_e è la massa dell'elettrone in moto in funzione della velocità v_e.

Vale a dire: L'energia $m_0 c^2$ della particella formatasi dopo l'urto sarà uguale alla somma delle energie delle particelle (in questo caso due elettroni) collidenti.

Dall'espressione (9.1), tenendo presente la (5.4) si ottiene:

$$m_0 = \frac{2m_{0e}}{\sqrt{1 - \dfrac{v_e^2}{c^2}}} \qquad (9.2)$$

Dove m_0 e m_{0e} sono, rispettivamente, le masse a riposo della particella che viene a formarsi e dell'elettrone.

L'osservatore O_L è quindi in grado di misurare la massa a riposo della particella formatasi e conosce anche le velocità delle particelle collidenti, tuttavia non potrà asserire che la velocità relativa v_{ee} di un elettrone rispetto all'altro sia semplicemente data dalla somma delle loro velocità $v_e + v_e$, così come risulta dalla trasformazione di Galilei per basse velocità, infatti ciò non sarebbe in accordo con i principi di conservazione dell'energia e della quantità di moto.

Per il calcolo della velocità relativa v_{ee} fra gli elettroni è necessario considerare lo stesso esperimento ideale dal punto di vista di un secondo osservatore O_e che si trovi in quiete con uno degli elettroni.

Prima dell'urto l'osservatore O_e misurerà un'energia totale E_1 data dalla seguente espressione:

$$E_1 = m_{0e}c^2 + m_{ee}c^2 = m_{0e}c^2 + \frac{m_{0e}c^2}{\sqrt{1 - \frac{v_{ee}^2}{c^2}}} \qquad (9.3)$$

Dove m_{ee} è la massa dell'elettrone in moto in funzione della velocità v_{ee}.

Vale a dire, l'energia misurata da O_e è pari alla somma dell'energia dell'elettrone con cui l'osservatore si trova in quiete e dell'energia dell'altro elettrone che O_e vede avvicinarsi con velocità v_{ee}.

Dopo l'urto O_e si troverà ad avere la velocità v_e nei confronti della particella che si è formata e quindi ne misurerà l'energia E_2 secondo la seguente espressione:

$$E_2 = \frac{m_0 c^2}{\sqrt{1 - \frac{v_e^2}{c^2}}} \qquad (9.4)$$

Sostituendo nella (9.4) la massa a riposo m_0 con l'espressione calcolata nella (9.2) e ponendo, in accordo con il principio di conservazione dell'energia, $E_1 = E_2$ si ottiene:

$$m_{0e}c^2 + \frac{m_{0e}c^2}{\sqrt{1 - \frac{v_{ee}^2}{c^2}}} = \frac{2m_{0e}c^2}{1 - \frac{v_e^2}{c^2}} \qquad (9.5)$$

L'espressione (9.5) può essere semplificata dividendo tutti i termini per $m_{0e}c^2$:

$$\frac{1}{\sqrt{1 - \frac{v_{ee}^2}{c^2}}} = \frac{2}{1 - \frac{v_e^2}{c^2}} - 1 \qquad \Rightarrow$$

$$\sqrt{1 - \frac{v_{ee}^2}{c^2}} = \frac{1 - \frac{v_e^2}{c^2}}{1 + \frac{v_e^2}{c^2}}$$

Da questa espressione, dopo semplici calcoli algebrici, si ottiene la seguente:

$$v_{ee} = \frac{2v_e}{1 + \frac{v_e^2}{c^2}} \qquad (9.6)$$

La relazione (9.6) rappresenta la velocità relativa fra due particelle in collisione nel caso di velocità identiche e quindi esprime la composizione relativistica per velocità uguali.

Dimostrazione con la conservazione della quantità di moto

Allo stesso risultato si perviene se, invece di quello dell'energia, si fa uso del principio di conservazione della quantità di moto.

In questo caso, stabilendo l'uguaglianza delle quantità di moto misurate dall'osservatore O_e prima e dopo l'urto, si ottiene:

$$m_{ee}v_{ee} = \frac{m_0 v_e}{\sqrt{1 - \frac{v_e^2}{c^2}}}$$

Dove m_{ee} è la massa dell'elettrone in moto in funzione della velocità v_{ee}.

E utilizzando le espressioni (5.4) e (9.2) risulta:

$$\frac{m_{0e}v_{ee}}{\sqrt{1 - \frac{v_{ee}^2}{c^2}}} = \frac{2m_{0e}v_e}{1 - \frac{v_e^2}{c^2}}$$

Quest'ultima equazione, risolta rispetto a v_{ee}, ci dà quindi la relazione (9.6). (Per i dettagli vedi A III in Appendice).

A questo punto desidero porre l'accento sul dato di fatto che la (9.6) è stata ricavata tramite la semplice applicazione del principio di conservazione dell'energia e senza fare uso dei postulati della teoria della relatività speciale.

La relazione (9.6) mostra che a basse velocità (ad esempio nel caso di due treni), essendo trascurabile il termine $\dfrac{v_e^2}{c^2}$, la velocità relativa è effettivamente pari alla somma delle velocità (curva verde in figura 10), così come è intuitivo.

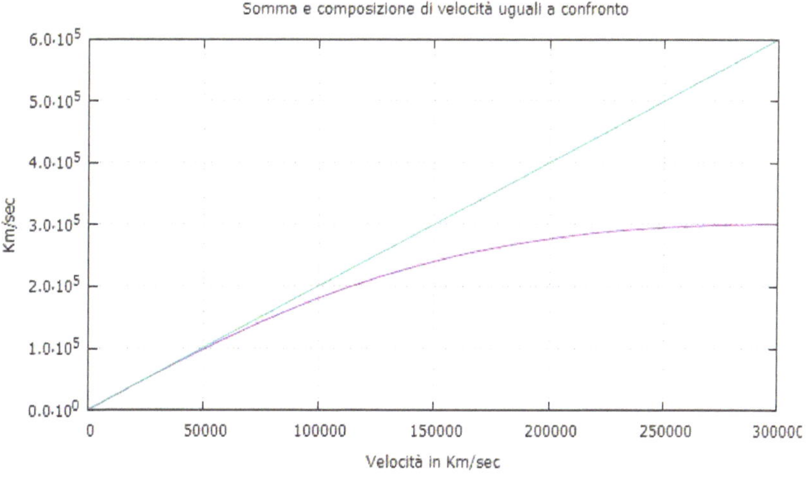

Fig. 10

Dall'espressione (9.6), tuttavia, si può trarre la seguente conclusione generale:

Velocità elevate non possono essere sommate algebricamente.

Per la composizione di velocità uguali si potrà quindi fare uso della (9.6) che, al contrario della composizione per somma, si trova in accordo con i principi di conservazione dell'energia e della quantità di moto (curva violetta).

È semplice mostrare che in base alla relazione (9.6) la velocità relativa v_{ee} fra due particelle può al massimo raggiungere la velocità della luce (questo avviene nel caso in cui le particelle incidenti siano fotoni e quindi con v_e uguale a c) ma non può mai superarla.

Se si suppone che le velocità delle particelle collidenti siano diverse si può eseguire una dimostrazione analoga a quella appena fatta, anche se algebricamente meno semplice, come si vedrà nell'undicesimo capitolo.

Vedremo che, supponendo che le velocità siano v_1 e v_2, si perviene al seguente risultato ...

$$v_{12} = \frac{v_1 + v_2}{1 + \dfrac{v_1 v_2}{c^2}} \qquad (9.7)$$

... che per $v_1 = v_2$ si riduce alla (9.6).

La relazione (9.7) risulta identica alla formula relativistica della composizione delle velocità che nell'ambito dell'interpretazione tradizionale di Einstein viene direttamente ricavata dalla trasformazione di Lorentz.

Possiamo quindi concludere affermando che la relazione (9.6) conferma la validità dell'espressione relativistica sulla composizione delle velocità nel caso particolare di velocità uguali.

Il principio di conservazione dell'energia, applicato a un caso particolare di moto di collisione fra due elettroni, ci dà una prima conferma del teorema relativistico della composizione delle velocità altrimenti ricavato con la trasformazione di Lorentz.

---

10 Dipendenza del tempo dalla velocità

Il risultato del capitolo precedente, secondo il quale le velocità non possono essere sommate, porta a due importanti conseguenze.

La prima conseguenza riguarda l'inadeguatezza della trasformazione galileiana.

Applicata alla composizione di velocità elevate, la trasformazione di Galilei porta a risultati errati.

Di qui si riconosce la necessità di definire un'altra trasformazione che rimanga valida anche a velocità elevate.

La seconda conseguenza riguarda il tempo.

Di che cosa si tratta esattamente, mostreremo con il seguente esame fisico.

Ci riferiamo ora allo stesso esperimento ideale descritto nel capitolo precedente per fare alcune considerazioni sugli intervalli di tempo misurati da due osservatori in moto fra loro.

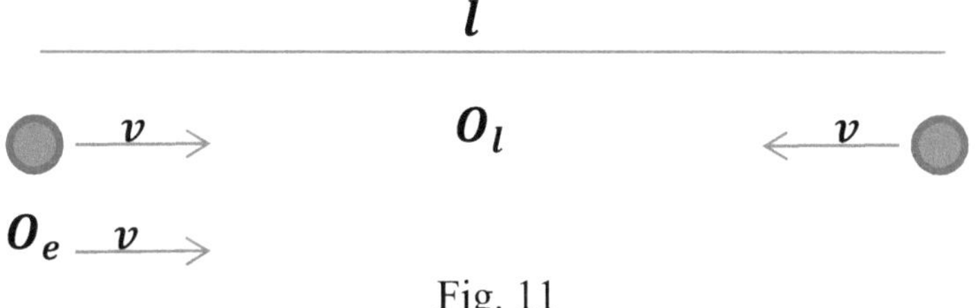

Fig. 11

Supponiamo che in un sincrotrone due particelle uguali siano accelerate in moto di collisione, fino a raggiungere la velocità v prossima a quella della luce.

Immaginiamo che a un certo istante le particelle si trovino all'entrata del rilevatore dell'acceleratore nel quale, fino all'istante della collisione, procedano con moto rettilineo uniforme.

E ora assumiamo due presupposti, che sono evidenti nel contesto della meccanica classica, ma che non si adattano alle alte velocità, come nel caso presente, e vediamo cosa succede.

<u>La prima ipotesi riguarda lo spazio</u>. Presupponiamo l'invarianza delle lunghezze per osservatori in moto relativo: Assumiamo che gli osservatori O_l e O_e concordino sulla lunghezza del rilevatore, cioè sulla distanza che le particelle percorreranno prima della collisione.

<u>La seconda ipotesi riguarda il tempo</u>. Presupponiamo l'invarianza della simultaneità per osservatori in moto relativo l'uno rispetto all'altro: Assumiamo che dal punto di vista di entrambi gli osservatori, le particelle si trovino nello stesso istante all'ingresso del rilevatore dell'acceleratore.

I due osservatori, uno indipendentemente dall'altro, misurino quindi il tempo che intercorre fra l'istante dell'entrata delle particelle nel rilevatore e la collisione.

L'osservatore O_l, trovandosi in quiete con il laboratorio sperimentale, dedurrà che le particelle s'incontreranno esattamente al centro del rilevatore e che quindi una singola particella prima dell'urto percorrerà la distanza $l/2$.

I tempi misurati dai due osservatori sono discordanti

Il tempo misurato da O_l sarà dunque pari a:

$$t_l = \frac{l}{2v}$$

L'osservatore O_e invece, trovandosi in quiete con una delle due particelle (vedi Fig. 11), calcolerà il tempo dividendo la lunghezza l del rilevatore per la velocità con la quale vede avvicinarsi l'altra particella.

Come abbiamo visto, questa velocità è stata calcolata per mezzo della (9.6) nel capitolo precedente.

Il tempo misurato da O_e sarà dunque:

$$t_e = \frac{l}{2v}\left(1 + \frac{v^2}{c^2}\right)$$

e quindi discordante dal tempo misurato dall'osservatore O_l.

La conseguenza è che nelle condizioni qui considerate, per l'osservatore O_e le particelle non si incontrerebbero più nel mezzo del rilevatore dell'acceleratore, così come deve però essere valido anche per lui.

Questa discordanza non può essere rimossa interamente nemmeno da una trasformazione che arrechi una contrazione o dilatazione delle coordinate spaziali e quindi solo un cambiamento della lunghezza del rilevatore.

L'incongruenza può essere eliminata solo postulando che, dal punto di vista dell'osservatore O_e, le particelle non si trovino contemporaneamente all'ingresso del rilevatore dell'acceleratore.

Dipendenza della simultaneità dal sistema di riferimento

Questo fatto indica una dipendenza della simultaneità dalla scelta del sistema di riferimento.

Da ciò si conclude che la trasformazione corretta, non ancora ricavata in questo lavoro, debba necessariamente riguardare non solo la coordinata spaziale, ma anche quella temporale.

Pertanto, questo conferma implicitamente il postulato relativistico dell'esistenza di un tempo locale dipendente dalla velocità del sistema di riferimento.

Questa seconda conseguenza è ancora più rimarchevole della prima che, come abbiamo visto, porta al rigetto della trasformazione di Galilei per la coordinata spaziale, infatti, essa riguarda l'insostenibilità della concezione newtoniana di un tempo assoluto.

Va tenuto presente che, in questa fase della trattazione, mancano ancora i presupposti fisici necessari per derivare le trasformazioni di Lorentz, che forniscono le relazioni corrette per le coordinate spaziali e temporali in funzione della velocità.

Una possibile via è la seguente:

Partendo dal teorema di composizione relativistica delle velocità, può essere dimostrato il principio della costanza della velocità della luce per tutti i sistemi di riferimento inerziali. Con questo principio il fisico acquisisce i prerequisiti per la derivazione delle trasformazioni.

Così si otterrebbero i seguenti risultati:

Secondo le trasformazioni di Lorentz l'osservatore O_e percepisce una dilatazione del tempo[17].

Per la lunghezza del rilevatore l'osservatore O_e osserva invece una contrazione rappresentata dalla relazione:

$$l_e = l \sqrt{1 - \frac{v^2}{c^2}}$$

La stessa contrazione osserverebbe l'osservatore O_l riguardo alle dimensioni delle due particelle in direzione del moto tanto che, trattandosi ad esempio di protoni, essi non sarebbero più sferici bensì ellissoidali.

---

[17] Una semplice derivazione della dilatazione del tempo è ottenuta con l'esperimento ideale del "cronometro di luce" di Gilbert Newton Lewis e Richard C. Tolman.

Per le seguenti velocità, espresse come frazioni di quella della luce, secondo la teoria della relatività, il protone apparirebbe così come illustrato in figura 12:

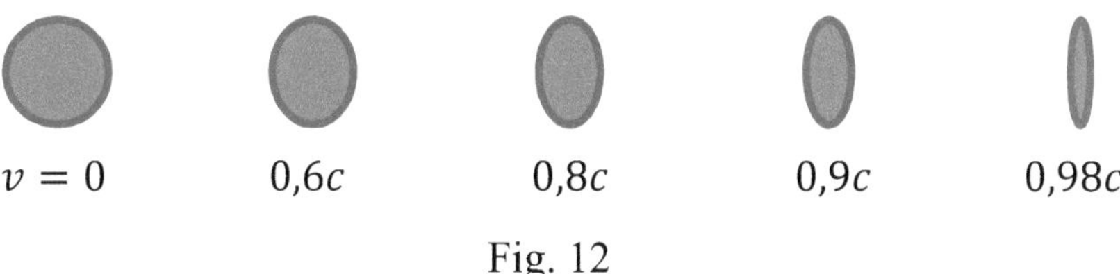

Fig. 12

Con il Large Hadron Collider, l'acceleratore di particelle subatomiche più potente finora realizzato, i protoni possono essere accelerati fino a raggiungere energie di 14 Tev, corrispondenti al 99,9999991% della velocità della luce.

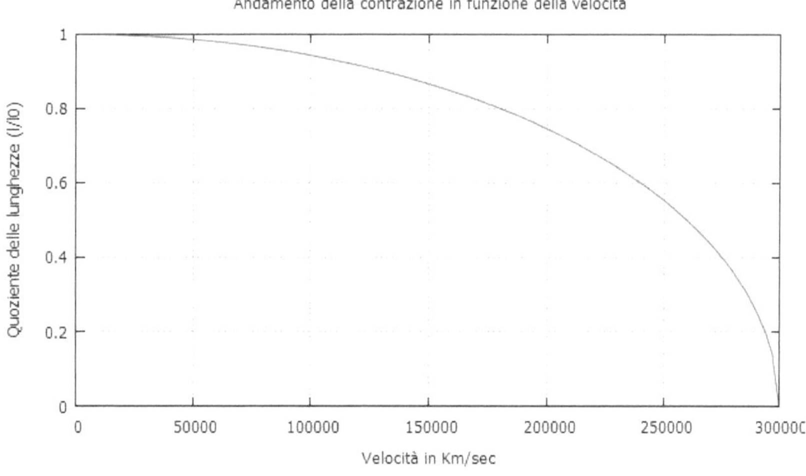

Fig. 13

A questa velocità il protone[18] sarebbe praticamente privo della dimensione in direzione del moto.

Nel dodicesimo capitolo vedremo come la contrazione relativistica delle lunghezze possa essere derivata con un esperimento ideale usando la legge di conservazione dell'energia.

Nel tredicesimo capitolo vedremo poi come, utilizzando la contrazione relativistica delle lunghezze, si possano ricavare le relazioni per la trasformazione delle coordinate spaziali e temporali che risultano identiche a quelle di Lorentz ottenute dal postulato della costanza della velocità della luce.

In questo capitolo si è mostrato che, presupponendo l'invarianza della simultaneità, le misure degli intervalli di tempo fatte da osservatori in moto relativo fra di loro sono discordanti. Pur non ancora disponendo, in questa fase della trattazione, degli strumenti fisici per confermare quantitativamente i risultati della teoria della relatività ristretta, si è intanto potuta dimostrare l'esistenza di una dipendenza del tempo dalla scelta del sistema di riferimento.

---

[18] Si tenga presente che qui il protone viene considerato come particella *classica* e quindi privo di eventuali proprietà quantomeccaniche.

11 Il teorema della composizione delle velocità

I metodi convenzionali per derivare il teorema di addizione delle velocità si basano sulle trasformazioni. Nel quinto capitolo, tuttavia, è stato affermato che nel corso di questa trattazione dobbiamo rinunciare all'aiuto di qualsiasi trasformazione, perché se da un lato la trasformazione di Galilei è applicabile solo a basse velocità, dall'altro una trasformazione per qualsiasi velocità non è stata ancora derivata. Per le dimostrazioni disponiamo quindi solo delle leggi di conservazione della massa, dell'energia e della quantità di moto.

Per comporre le velocità, distinguiamo tra due casi: caso 1. per velocità basse e caso 2. per qualunque velocità. Dal caso 1. dovrebbe essere chiaro che tipo di metodo viene utilizzato.

Partiamo dal presupposto che a seguito della collisione centrale di due particelle P_1 di massa m_1 e P_2 di massa m_2, un ricercatore O osservi la formazione di una nuova particella P di massa m_0 che resti in quiete con lui, come mostrato in figura 14. Un secondo osservatore O_1 che si muove con velocità v_1, si trovi in quiete con la particella P_1.

Caso 1. Addizione per basse velocità

Per derivare il teorema di addizione delle velocità con la meccanica classica senza utilizzare la trasformazione di Galilei ci riferiamo all'esperimento ideale della Fig. 14 utilizzando solo le leggi di conservazione della massa e della quantità di moto. Dal punto di vista dell'osservatore O risulta, per la conservazione della massa e della quantità di moto prima e dopo la collisione:

$$m_0 = m_1 + m_2 \ (a) \qquad e \qquad m_1 v_1 - m_2 v_2 = 0 \ (b)$$

Se v_{12} è la velocità della particella P_2 dal punto di vista dell'osservatore O_1, per quest'ultimo risulta per la quantità di moto prima e dopo la collisione:

$$m_2 v_{12} = m_0 v_1 \qquad\qquad (c)$$

Utilizzando la relazione (a) nell'equazione (c) si ottiene:

$$m_2 v_{12} = m_1 v_1 + m_2 v_1 \qquad (d)$$

Dalla relazione (b) otteniamo: $m_1 v_1 = m_2 v_2$ che inserita nell'equazione (d) ci dà la composizione delle velocità per la meccanica classica:

$$v_{12} = v_1 + v_2$$

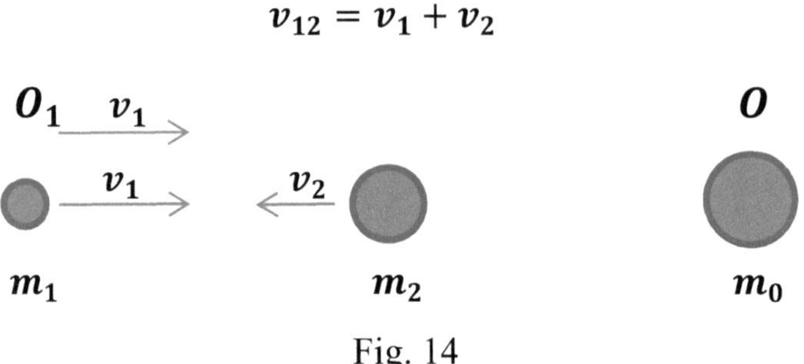

Fig. 14

Ora mostreremo come, utilizzando un metodo analogo, possa essere derivato il teorema di addizione relativistica per qualsiasi velocità senza dover far ricorso alla trasformazione di Lorentz, come invece avviene per l'interpretazione tradizionale della Teoria della Relatività.

Caso 2. Addizione per qualsiasi velocità

Nel prossimo esperimento ideale applicheremo i principi di conservazione dell'energia e della quantità di moto al caso più generale dell'urto di due particelle aventi masse e velocità diverse.

Come vedremo, i calcoli un po' più complessi, che nel caso di masse e velocità uguali, condurranno alla relazione (9.7).

Se m_{01}, m_{02} e v_1, v_2 sono le masse a riposo e, rispettivamente, le velocità delle particelle P_1 e P_2, usando il principio di conservazione dell'energia prima e dopo la collisione, lo sperimentatore O osserverà per la massa a riposo m_0 della particella P il valore dato dalla seguente espressione:

$$m_0 c^2 = m_1 c^2 + m_2 c^2 \qquad \Rightarrow$$

O meglio, utilizzando la relazione (5.4):

$$m_0 = \frac{m_{01}}{\sqrt{1 - \dfrac{v_1^2}{c^2}}} + \frac{m_{02}}{\sqrt{1 - \dfrac{v_2^2}{c^2}}} \qquad (11.1)$$

D'altra parte, essendo nulla la velocità, e quindi la quantità di moto della particella P risultante dall'urto, per il principio di conservazione della quantità di moto prima e dopo l'urto, m_{01}, m_{02}, v_1 e v_2 dovranno essere legate dalla seguente relazione:

$$\frac{m_{01} v_1}{\sqrt{1 - \dfrac{v_1^2}{c^2}}} - \frac{m_{02} v_2}{\sqrt{1 - \dfrac{v_2^2}{c^2}}} = 0 \qquad (11.2)$$

e quindi, usando β_x al posto di v_x/c :

$$\frac{m_{01}}{\sqrt{1 - \beta_1^2}} = \frac{m_{02}}{\sqrt{1 - \beta_2^2}} \frac{\beta_2}{\beta_1} \qquad (11.3)$$

Sostituendo la (11.3) nella (11.1), dopo aver messo in evidenza il termine $\dfrac{m_{02}}{\sqrt{1-\beta_2^2}}$ otteniamo:

$$m_0 = \frac{m_{02}}{\sqrt{1 - \beta_2^2}} \left(1 + \frac{\beta_2}{\beta_1} \right) \qquad (11.4)$$

La (11.4), a differenza della (11.1), ci dà il valore della massa a riposo della particella P formatasi dopo l'urto, in dipendenza della massa di una sola delle due particelle incidenti. Della (11.4) faremo uso più avanti per portare a termine la seguente dimostrazione.

Consideriamo ora un secondo osservatore O_1 che si trovi in quiete con la particella P_1. Quest'ultimo potrà misurare la velocità relativa v_{12} fra P_1 e P_2 applicando il principio di conservazione della quantità di moto prima e dopo l'urto delle particelle nel modo seguente:

Prima dell'urto, essendo l'osservatore O_1 in quiete con P_1, la quantità di moto da lui misurata sarà soltanto quella della particella P_2, che O_1 vede avvicinarsi con velocità pari a v_{12}:

$$p_1 = \frac{m_{02} v_{12}}{\sqrt{1 - \frac{v_{12}^2}{c^2}}}$$

Avvenuto l'urto, O_1 si manterrà con velocità costante v_1 nei confronti della particella P, la stessa velocità di P_1 prima della collisione. Dopo l'urto, quindi, la quantità di moto che O_1 misurerà sarà quella della sola P con massa m_0:

$$p_2 = \frac{m_0 v_1}{\sqrt{1 - \frac{v_1^2}{c^2}}}$$

Per il principio di conservazione, la quantità di moto prima e dopo la collisione deve rimanere invariata. Vale a dire $p_1 = p_2$ e quindi segue:

$$\frac{m_{02} v_{12}}{\sqrt{1 - \frac{v_{12}^2}{c^2}}} = \frac{m_0 v_1}{\sqrt{1 - \frac{v_1^2}{c^2}}} \qquad \Rightarrow$$

Per seguire meglio i calcoli seguenti, v_x/c viene sostituito da $\boldsymbol{\beta_x}$.

Così si ottiene:

$$\frac{m_{02}\beta_{12}}{\sqrt{1-\beta_{12}^2}} = \frac{m_0\beta_1}{\sqrt{1-\beta_1^2}} \qquad (11.5)$$

(A partire da questo punto si può anche effettuare una dimostrazione basata sul principio di conservazione dell'energia, invece che su quello della quantità di moto. Vedi A IV in Appendice).

Sostituito ora il valore di $\boldsymbol{m_0}$ dalla (11.4) nella (11.5) otteniamo:

$$\frac{m_{02}\,\beta_{12}}{\sqrt{1-\beta_{12}^2}} = \frac{m_{02}}{\sqrt{1-\beta_1^2}\sqrt{1-\beta_2^2}}\beta_1\left(1+\frac{\beta_2}{\beta_1}\right) \qquad \Rightarrow$$

$$\frac{\beta_{12}}{\sqrt{1-\beta_{12}^2}} = \frac{\beta_1+\beta_2}{\sqrt{1-\beta_1^2}\sqrt{1-\beta_2^2}} \qquad \Rightarrow$$

Allo scopo di eliminare le radici vengono ora elevati entrambi i termini dell'equazione al quadrato:

$$\frac{\beta_{12}^2}{1-\beta_{12}^2} = \frac{\beta_1^2+2\beta_1\beta_2+\beta_2^2}{1-\beta_1^2-\beta_2^2+\beta_1^2\beta_2^2} \qquad \Rightarrow$$

$$\beta_{12}^2 - \beta_{12}^2\beta_1^2 - \beta_{12}^2\beta_2^2 + \beta_{12}^2\beta_1^2\beta_2^2 =$$
$$= \beta_1^2 + 2\beta_1\beta_2 + \beta_2^2 - \beta_{12}^2\beta_1^2 - 2\beta_{12}^2\beta_1\beta_2 - \beta_{12}^2\beta_2^2$$

Eliminando ora i termini $\beta_{12}^2\beta_1^2$ e $\beta_{12}^2\beta_2^2$ che compaiono con lo stesso segno nei membri di destra e di sinistra dell'equazione e trasferendo il termine $2\beta_{12}^2\beta_1\beta_2$ dal membro di destra a quello di sinistra otteniamo:

$$\beta_{12}^2 + 2\beta_{12}^2\beta_1\beta_2 + \beta_{12}^2\beta_1^2\beta_2^2 = \beta_1^2 + 2\beta_1\beta_2 + \beta_2^2 \quad \Rightarrow$$

$$\beta_{12}^2(1 + 2\beta_1\beta_2 + \beta_1^2\beta_2^2) = \beta_1^2 + 2\beta_1\beta_2 + \beta_2^2$$

Tenendo presente che i membri a sinistra e destra dell'equazione sono quadrati di binomi ...

$$\beta_{12}^2(1 + \beta_1\beta_2)^2 = (\beta_1 + \beta_2)^2 \quad \Rightarrow$$

... traendone la radice quadrata si ottiene:

$$\beta_{12} = \frac{\beta_1 + \beta_2}{1 + \beta_1\beta_2}$$

E quindi, risostituendo β_x con v_x/c, si perviene alla relazione relativistica della composizione delle velocità:

$$v_{12} = \frac{v_1 + v_2}{1 + \dfrac{v_1 v_2}{c^2}} \qquad (11.6)$$

La relazione (11.6) è in accordo col teorema della composizione delle velocità secondo la teoria della relatività di Einstein.

Lo stesso risultato si ottiene naturalmente anche utilizzando una dimostrazione basata sul principio di conservazione dell'energia (in Appendice A IV).

A questo punto desidero porre l'accento sul fatto che il teorema della composizione delle velocità è stato dimostrato tramite la semplice applicazione dei principi di conservazione, senza il ricorso diretto o indiretto al postulato della costanza della velocità della luce.

L'applicazione dei principi di conservazione dell'energia e della quantità di moto all'osservazione sperimentale dell'urto centrale di due particelle consente di dimostrare il teorema relativistico della composizione delle velocità nel caso più generale senza l'utilizzo della trasformazione di Lorentz.

12 Contrazione delle lunghezze e dilatazione del tempo

In questo capitolo vedremo come può essere dimostrata la contrazione delle lunghezze in funzione della velocità con l'aiuto del principio di conservazione dell'energia.

A tal proposito immaginiamo l'urto centrale di due elettroni che all'istante $t = 0$ abbiano una distanza $2l$ l'uno dall'altro e che prima della collisione si avvicinino con velocità v uguali, così come illustrato a sinistra di figura 15.

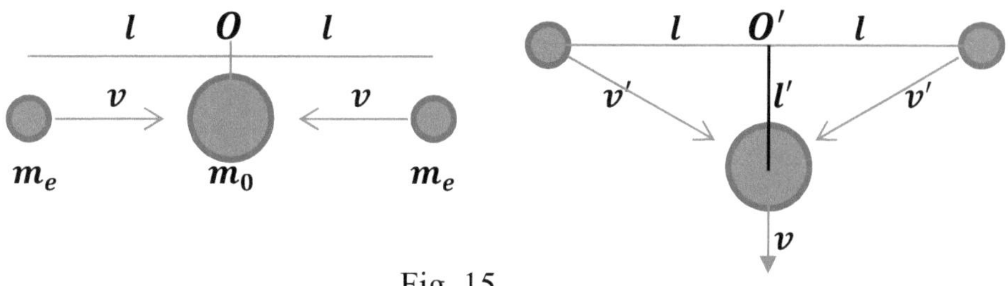

Fig. 15

Si assume che in seguito all'urto si formi una nuova particella con massa a riposo m_0 che si trovi nell'origine di un sistema di coordinate in quiete rispetto a un osservatore O.

Poiché per l'osservatore O la distanza percorsa da una particella fino alla collisione è uguale a l, se l'intervallo di tempo fino alla collisione è t, allora risulterà: $l = vt$.

Consideriamo ora lo stesso esperimento ideale dal punto di vista di un secondo osservatore O' in quiete in un sistema di riferimento che si muove alla stessa velocità v delle particelle, ma in direzione verticale verso l'alto.

Poiché questo moto in direzione Y è ortogonale alla direzione del movimento degli elettroni, gli osservatori O e O' misurano in direzione X la stessa lunghezza l, la stessa velocità v e quindi, fino alla collisione, anche lo stesso tempo t.[19]

Durante questo lasso di tempo, l'osservatore O' si sposta in avanti fino alla distanza l', quindi nel sistema di coordinate O' la collisione avviene per lui sull'asse Y alla stessa distanza l' ma in direzione opposta al suo moto (vedi Figura 15 a destra).

Partiamo dal presupposto che all'istante $t = 0$ le origini dei due sistemi di riferimento O e O' coincidano e che per l'osservatore O' gli elettroni collidano sull'asse Y nel punto **T** in corrispondenza della coordinata l' come mostrato in Figura 16.

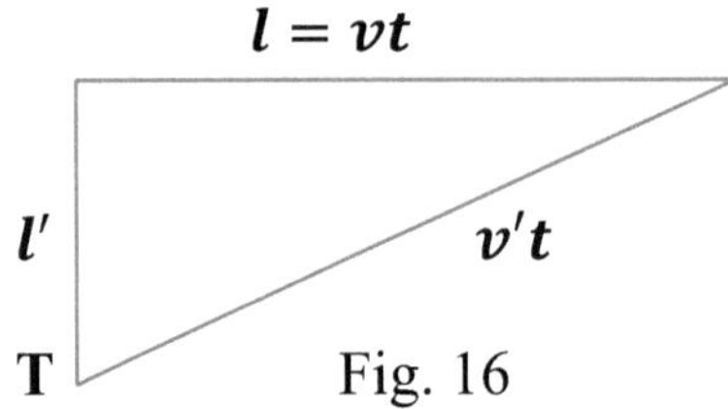

Fig. 16

Dalla figura 16, applicando il teorema di Pitagora si ottiene[20]:

---

[19] In generale, ogni osservatore ha bisogno di trasformazioni per esaminare lo spazio e il tempo dalla prospettiva di un altro osservatore. Queste trasformazioni sono ancora sconosciute in questa fase della trattazione. Tuttavia, è certo che per velocità relativa $v = 0$ gli osservatori misurino le stesse lunghezze e gli stessi tempi. Quello che viene trattato qui è un caso bidimensionale. Per meglio orientarci, chiamiamo X l'asse su cui si muovono gli elettroni e Y l'asse su cui si muove l'osservatore O'. In due dimensioni, ciascuno dei due osservatori necessita di una trasformazione per l'asse X e una trasformazione per l'asse Y al fine di calcolare le lunghezze dal punto di vista dell'altro osservatore. Entrambe le trasformazioni dipendono solo da una delle componenti v_x o v_y della velocità relativa v fra gli osservatori. Qui è necessaria solo la componente del movimento delle particelle nella direzione X per entrambi gli osservatori per calcolare l, v e t. Per questo è sufficiente solo la trasformazione per l'asse X. La componente v_x della velocità relativa v tra gli osservatori nella direzione X è però zero. Questo è il motivo per cui la trasformazione per l'asse X fornisce gli stessi valori per lunghezze e tempi per entrambi gli osservatori.

$$v'^2 = v^2 + \frac{l'^2}{t^2} \qquad (12.1)$$

Nell'equazione (12.1) sono presenti due incognite: la lunghezza l' e la velocità v'.

Per il calcolo della lunghezza l' abbiamo quindi bisogno di una seconda relazione che esprima la velocità v', che si ha in direzione obliqua, in funzione della velocità v.

In un primo tempo calcoleremo l' per una velocità v molto inferiore a quella della luce.

Calcolo di l' per $v \ll c$

Come si può vedere in figura 17, la velocità v' degli elettroni misurata dall'osservatore O' per una velocità v notevolmente inferiore a c risulta dalla somma di due componenti vettoriali reciprocamente ortogonali e aventi lo stesso modulo. Applicando il teorema di Pitagora, risulta: $v' = \sqrt{2}v$.

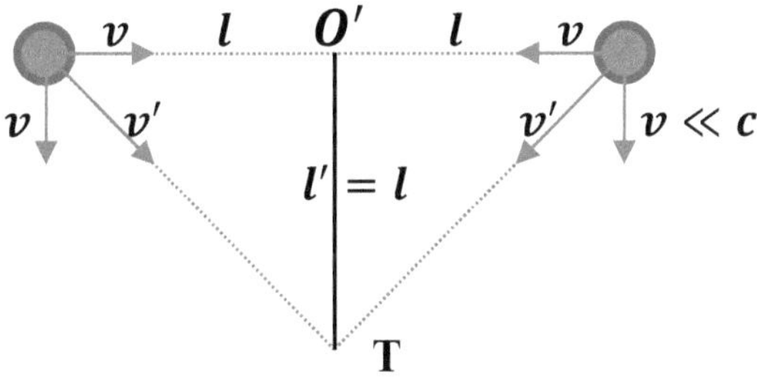

Fig. 17

---

[20] L'intervallo di tempo t misurato dagli osservatori sull'asse X fino alla collisione è necessariamente lo stesso di quello misurato dall'osservatore O' sull'ipotenusa del triangolo rettangolo in Fig.16. Se non fosse così l'osservatore O' invece di una, osserverebbe due collisioni in momenti diversi, la prima sul percorso inclinato e la seconda come mappatura della prima sull'asse X.

Il vettore v' ha quindi un'inclinazione di 45°, perciò, dal punto di vista di O' per $v << c$, gli elettroni s'incontrano nel punto **T** alla coordinata:

$$l' = l$$

Dati questi presupposti, il vettore v' avendo il valore $\sqrt{2}v$, assumerebbe un valore non ammesso superiore a c per velocità superiori a circa il **70%** della velocità della luce.

I limiti di questa considerazione classica sono quindi evidenti.

Calcolo di l' per una velocità qualunque

Per determinare la distanza l' per una velocità qualunque, abbiamo bisogno di un'altra equazione per l'incognita v' in funzione della velocità v.

Va tenuto conto che il calcolo di v' debba essere fatto osservando le leggi di conservazione dell'energia e della quantità di moto.

Questo requisito consente il calcolo relativistico della lunghezza l' così come segue:

Dal punto di vista di O, per la legge di conservazione dell'energia, è verificabile quanto segue (vedi Figura 15 a sinistra):

$$m_0 c^2 = \frac{2m_{0e}c^2}{\sqrt{1 - \dfrac{v^2}{c^2}}} \qquad (12.2)$$

Dal punto di vista di O', la particella formata dopo la collisione si muove verso il basso lungo l'asse Y con la velocità v (vedi a destra di Fig. 15). Per O' quindi risulta (vedi anche capitolo 18):

$$\frac{m_0 c^2}{\sqrt{1 - \dfrac{v^2}{c^2}}} = \frac{2m_{0e} c^2}{\sqrt{1 - \dfrac{v'^2}{c^2}}} \qquad (12.3)$$

Sostituendo la relazione (12.2) nella (12.3) si ottiene:

$$\frac{2m_{0e} c^2}{1 - \dfrac{v^2}{c^2}} = \frac{2m_{0e} c^2}{\sqrt{1 - \dfrac{v'^2}{c^2}}} \Rightarrow$$

$$1 - \frac{v^2}{c^2} = \sqrt{1 - \frac{v'^2}{c^2}} \Rightarrow$$

$$1 - 2\frac{v^2}{c^2} + \frac{v^4}{c^4} = 1 - \frac{v'^2}{c^2} \Rightarrow$$

$$v'^2 = 2v^2 - \frac{v^4}{c^2} \qquad (12.4)$$

La (12.4) è la relazione cercata che esprime v' in funzione di v.

Sostituendo il valore di v'^2 calcolato dalla (12.4) nella (12.1) si ottiene:

$$\frac{l'^2}{t^2} = v^2 \left(1 - \frac{v^2}{c^2} \right) \qquad (12.5)$$

Poiché $vt = l$, la (12.5) può essere scritta nel modo seguente:

$$l'^2 = l^2 \left(1 - \frac{v^2}{c^2} \right)$$

Da qui segue:

$$l' = l\sqrt{1 - \frac{v^2}{c^2}} \qquad (12.6)$$

La relazione (12.6) esprime, in accordo con l'interpretazione tradizionale della teoria della relatività, la contrazione della lunghezza nella direzione del movimento in dipendenza dalla velocità.

Nel capitolo seguente vedremo che dalla relazione (12.6) possono essere derivate in modo semplice le trasformazioni per le coordinate spaziale e temporale che risultano identiche alle trasformazioni di Lorentz.

Dalle trasformazioni di Lorentz, come vedremo, può essere ricavata la relazione della dilatazione temporale in funzione della velocità.

Essa assume la seguente forma:

$$t' = \frac{t}{\sqrt{1 - \frac{v^2}{c^2}}} \qquad (12.7)$$

La relazione (12.7) esprime, in accordo con l'interpretazione tradizionale della teoria della relatività, la dilatazione temporale in funzione della velocità nella direzione del movimento.

> L'applicazione della legge di conservazione dell'energia alla collisione di due elettroni da parte di due osservatori in moto relativo fra loro ci consente di ricavare la relazione relativistica della contrazione delle lunghezze in funzione della velocità.

13 Trasformazione della coordinata spaziale e temporale

Nel capitolo 12 abbiamo ricavato la formula di contrazione relativistica delle lunghezze in funzione della velocità utilizzando il principio di conservazione dell'energia.

In questo capitolo vedremo come dalla relazione della contrazione delle lunghezze, possano essere derivate le trasformazioni di Lorentz per lo spazio e il tempo, senza dover presupporre la costanza della velocità della luce.

Prima di eseguire la dimostrazione vogliamo però descrivere brevemente il metodo di derivazione tradizionale delle trasformazioni.

Dimostrazione delle trasformazioni di Lorentz col metodo tradizionale

Nel 1905 Albert Einstein ricavò le trasformazioni basandosi sui seguenti presupposti:

1. **Costanza della velocità della luce**: La velocità della luce è la stessa in tutti i sistemi di riferimento inerziali, indipendentemente dal movimento della sorgente o dell'osservatore.

2. **Principio di relatività**: Le leggi della meccanica sono valide allo stesso modo in tutti i sistemi di riferimento in movimento uniforme.

3. **Trasformazione lineare**: Le coordinate tra due sistemi di riferimento inerziali S e S', che si muovono con velocità relativa v, sono collegate da equazioni lineari.

Questo approccio eliminò la necessità dell'etere, interpretando le trasformazioni come proprietà fondamentali dello spazio-tempo.

Derivazione matematica

Ipotesi iniziali:

- Sistemi di coordinate: S (sistema in quiete) e S' (sistema che si muove con la velocità v in direzione della x).

- Evento: Un punto nello spazio-tempo con coordinate (x, t) in S e (x', t') in S'.

Equazioni di trasformazione:

Per la linearità e simmetria dei sistemi si ha:

$$x' = \gamma(x - vt) \qquad e \qquad x = \gamma(x' + vt')$$

Calcolo del fattore di Lorentz

Per il calcolo del fattore di Lorentz viene usata la costanza della velocità della luce:

Per un lampo di luce, per il quale in S si ha $x = ct$, deve valere anche in S' la relazione analoga $x' = ct'$. Inserendo queste relazioni nelle equazioni di trasformazione, si ottiene il fattore di Lorentz:

$$\gamma = \frac{1}{\sqrt{1 - \dfrac{v^2}{c^2}}}$$

Questo fattore di Lorentz domina gli effetti relativistici a velocità elevate.

Equivalendo e risolvendo le equazioni per t', si ottiene la trasformazione per il tempo:

$$t' = \gamma \left(t - \frac{vx}{c^2} \right)$$

Einstein mostrò che le equazioni di Maxwell sono invarianti rispetto a queste trasformazioni, risolvendo così le contraddizioni con la meccanica classica.

Ora vediamo come dalla relazione della contrazione delle lunghezze, possano essere derivate le trasformazioni di Lorentz per lo spazio e il tempo, senza dover presupporre la costanza della velocità della luce.

Consideriamo due sistemi di riferimento unidimensionali in movimento l'uno rispetto all'altro a velocità costante v. Due osservatori O e O' si trovano in quiete ciascuno nelle origini delle coordinate O e O' dei due sistemi di riferimento e misurino il tempo t e t', rispettivamente. Le origini delle coordinate dei due sistemi di riferimento coincidano all'istante $t = 0$ per O e $t' = 0$ per O'.

Assumeremo, come discusso nel capitolo 10, che per tempi successivi le misurazioni dei tempi t e t' possano essere discordanti, quindi non assumiamo a priori che sia $t = t'$ nemmeno per $v \ll c$.

Per illustrare con maggiore chiarezza le relazioni tra i sistemi di riferimento, ci atterremo nei successivi diagrammi alle seguenti regole:

- In ogni diagramma è presente un osservatore in quiete. Un secondo osservatore si muove lungo l'asse x alla velocità v.

- La trasformazione è considerata dal punto di vista dell'osservatore in quiete, e quindi viene usato il suo tempo. L'osservatore in quiete è evidenziato in grigio nei diagrammi.

- Il sistema di riferimento dell'osservatore in movimento è raffigurato con linee tratteggiate.

- La trasformazione riguarda sempre il calcolo della coordinata spaziale dell'osservatore in movimento in funzione delle coordinate spaziali e temporali dell'osservatore in quiete.

Se la velocità relativa v tra i sistemi di riferimento è considerevolmente inferiore alla velocità della luce, allora i due osservatori non percepiscono alcuna contrazione della lunghezza in direzione del movimento. Nella figura 18 l'osservatore O è in quiete. t è il tempo misurato da O.

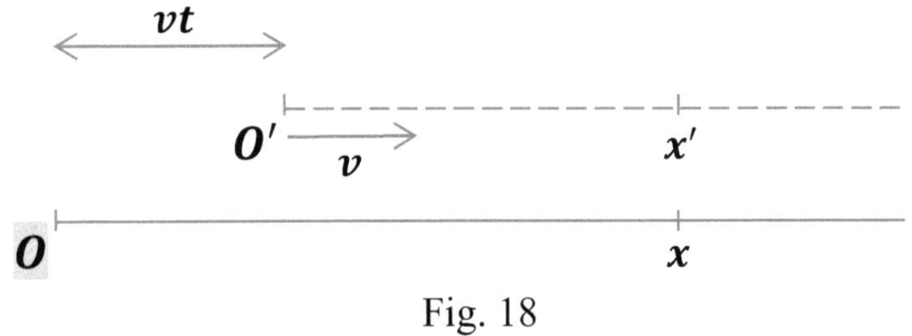

Fig. 18

Secondo Figura 18, dal punto di vista di O, si ottengono le relazioni:

$$x = x' + vt \qquad \Rightarrow \qquad x' = x - vt \qquad (13.1)$$

La figura 19 mostra la trasformazione dal punto di vista dell'osservatore O':

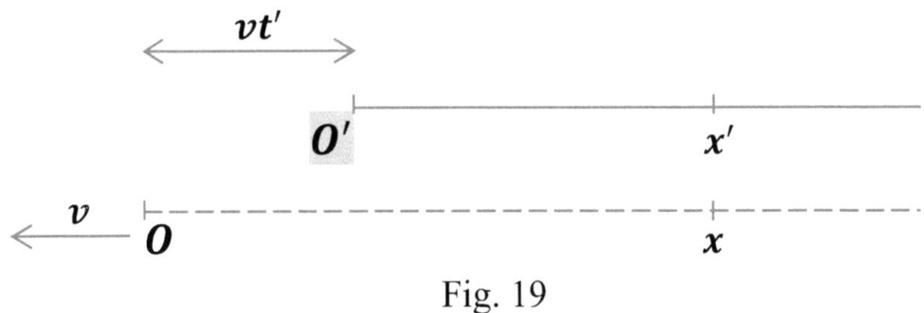

Fig. 19

In questo caso le relazioni sono:

$$x' = x - vt' \qquad \Rightarrow \qquad x = x' + vt' \qquad (13.2)$$

E se in (13.2) si sostituisce x' ricavato dalla relazione (13.1), si ottiene:

$$x = x - vt + vt' \qquad \Rightarrow \qquad t = t' \qquad (13.3)$$

La (13.3) mostra che la coordinata temporale per $v \ll c$ è <u>invariante</u>.

Le relazioni (13.1) e (13.3) corrispondono alla trasformazione galileiana e sono valide nel contesto della meccanica classica per $v \ll c$:

$$x' = x - vt \quad (13.1); \qquad t = t' \quad (13.3)$$

Trasformazione della coordinata spaziale per una velocità v qualunque

Consideriamo ora la situazione dal punto di vista dell'osservatore O, questa volta per qualunque velocità v:

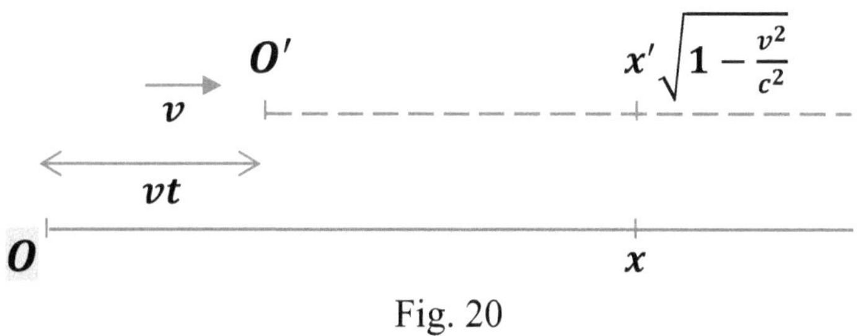

Fig. 20

Come dimostrato nel capitolo 12, l'osservatore O percepisce una contrazione della lunghezza della distanza tra O' e x', così che per lui il punto corrispondente a x si trova, sul sistema di riferimento O', alla coordinata $x'\sqrt{1-\dfrac{v^2}{c^2}}$ come mostrato in figura 20.

Da figura 20 si può costatare che per l'osservatore O risulta quanto segue:

$$x = x'\sqrt{1-\frac{v^2}{c^2}} + vt \quad \Rightarrow$$

$$x' = \frac{x - vt}{\sqrt{1-\dfrac{v^2}{c^2}}} \qquad (13.4)$$

t nella (13.4) è il tempo dal punto di vista O.

La relazione (13.4) rappresenta il valore della coordinata spaziale x' nel sistema di riferimento dell'osservatore O' in funzione delle coordinate di spazio e tempo (x, t) del sistema di riferimento di O.

Consideriamo ora la situazione dal punto di vista dell'osservatore O':

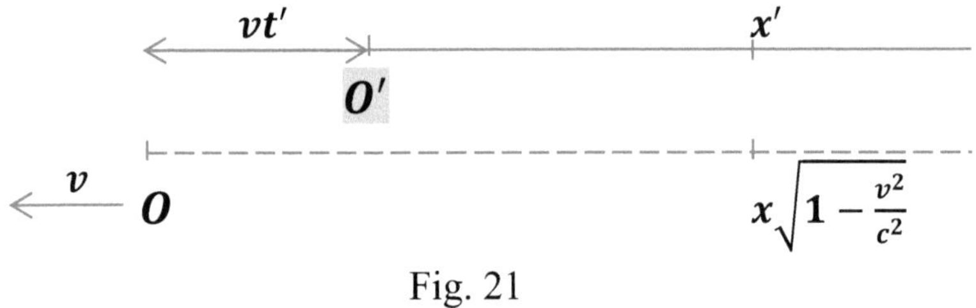

Fig. 21

L'osservatore O' percepisce una contrazione della lunghezza della distanza tra O e x, così che per lui il punto corrispondente di x' si trova, nel sistema di riferimento O, alla coordinata $x\sqrt{1-\dfrac{v^2}{c^2}}$, come mostrato in Figura 21.

Da figura 21 si può anche dedurre che per l'osservatore O' risulta:

$$x' + vt' = x\sqrt{1-\frac{v^2}{c^2}} \quad \Rightarrow$$

$$x = \frac{x' + vt'}{\sqrt{1-\dfrac{v^2}{c^2}}} \qquad (13.5)$$

Va notato che t' rappresenta il tempo di O', generalmente diverso dal tempo t dell'osservatore O, come discusso nel capitolo 10.

Le relazioni (13.4) e (13.5) rappresentano le trasformazioni di coordinate spaziali per velocità qualunque, dal punto di vista di due osservatori in moto relativo tra loro.

Trasformazione della coordinata temporale:

La trasformazione per la coordinata temporale può essere derivata dalle relazioni (13.4) e (13.5).

Dalla relazione (13.5) otteniamo:

$$x' = x\sqrt{1 - \frac{v^2}{c^2}} - vt' \qquad (13.6)$$

Uguagliando le relazioni (13.4) e (13.6) si ottiene:

$$\frac{x - vt}{\sqrt{1 - \frac{v^2}{c^2}}} = x\sqrt{1 - \frac{v^2}{c^2}} - vt' \quad \Rightarrow$$

$$x - vt = x\left(1 - \frac{v^2}{c^2}\right) - vt'\sqrt{1 - \frac{v^2}{c^2}} \quad \Rightarrow$$

$$-vt = -x\frac{v^2}{c^2} - vt'\sqrt{1 - \frac{v^2}{c^2}} \quad \Rightarrow$$

$$t' = \frac{t - \frac{xv}{c^2}}{\sqrt{1 - \frac{v^2}{c^2}}} \qquad (13.7)$$

Usando un metodo analogo può essere derivata per t in funzione di t' e x' la relazione seguente:

$$t = \frac{t' + \dfrac{x'v}{c^2}}{\sqrt{1 - \dfrac{v^2}{c^2}}} \qquad (13.8)$$

Le trasformazioni di coordinate espresse dalla (13.4) e dalla (13.7) corrispondono nella stessa forma alle componenti della trasformazione di Lorentz, che descrive la variazione delle coordinate spaziali e temporali tra sistemi di riferimento inerziali per velocità comunque elevate nell'ambito della teoria della relatività ristretta.

Per concludere, raffrontiamo i due metodi di derivazione descritti.

Con il metodo tradizionale le trasformazioni di Lorentz sono ricavate direttamente dal postulato della costanza della velocità della luce. In quanto presupposto della Relatività Ristretta, esse rappresentano le equazioni fondamentali dalle quali si ricavano tutte gli altri principi relativistici. Il fisico deve rigettare la sua concezione innata di assolutezza dello spazio e del tempo prima ancora di derivare le leggi della meccanica.

Con il metodo alternativo le trasformazioni di Lorentz sono ricavate alla fine di una lunga catena di dimostrazioni. Esse non rappresentano il presupposto, bensì il risultato di considerazioni fisiche, che si basano sul principio di equivalenza fra massa ed energia ricavato dalla fisica classica. Il fisico viene confrontato con l'ipotesi di non assolutezza dello spazio e del tempo solo dopo aver derivato le principali leggi relativistiche.

In questo capitolo è stato mostrato come le trasformazioni dello spazio e del tempo per velocità qualunque degli osservatori possano essere derivate dal fenomeno della contrazione della lunghezza relativistica.

14 Costanza della velocità della luce

La velocità della luce si presenta come una costante c in molte formule fisiche. Una di queste formule è quella della quantità di moto $p = E/c$ della radiazione luminosa. Se la sorgente luminosa è a riposo, si verifica che la velocità della luce è costante per ogni frequenza, dalle onde radio alla radiazione gamma. Una costanza per tutte le frequenze non viola le leggi della fisica classica.

Questo capitolo non si riferisce però a questo concetto di costanza, ma al fatto che la velocità della luce rimane costante anche con una sorgente luminosa in movimento e tra tutti i sistemi inerziali, come evidenzia l'esperimento di Michelson e Morley.

Conflitto con la meccanica classica

Poiché questa costanza si verifica per ogni velocità relativa tra emittente e ricettore, essa non è più conforme alla trasformazione di Galilei e quindi è in conflitto con un principio fondamentale della meccanica classica. Questo è anche il motivo per cui il concetto di "costanza della velocità della luce in senso relativistico" sfugge fin troppo facilmente all'intuizione della mente umana.

Che cosa ha questo concetto di così speciale, però, dal provocare una rivoluzione nella fisica con le note conseguenze: dilatazione del tempo, contrazione della lunghezza e i famosi paradossi? In questo capitolo vogliamo cercare di dare chiarezza riferendoci a un esempio concreto:

S'immagini un'astronave che si muove rispetto a un osservatore O_f (l'indice "f" sta per "fuori dall'astronave") con una velocità costante e uniforme v. Al centro dell'astronave un dispositivo lancia simultaneamente due proiettili k_1 e k_2 alla stessa velocità v_k ($v_k > v$; $v_k \ll c$). Il proiettile k_1 viene lanciato nella direzione del movimento dell'astronave, l'altro proiettile k_2 nella direzione opposta. Dal punto di vista di un osservatore O_d (indice "d" sta per "dentro l'astronave") che si trova in quiete all'interno dell'astronave, i proiettili raggiungono contemporaneamente le estremità anteriore e posteriore dell'astronave. Ma come appare la situazione dal punto di vista dell'osservatore O_f in movimento relativo rispetto all'astronave? Durante il tragitto di k_1 l'astronave si è mossa in avanti. Pertanto la parete frontale si è allontanata dalla posizione di partenza di k_1. Quindi, dal punto di vista dell'osservatore O_f, quale proiettile raggiunge prima il bersaglio?

La risposta corretta è che anche per l'osservatore O_f entrambi i proiettili raggiungono i loro obiettivi contemporaneamente, perché O_f per il proiettile k_1 non misura solo un percorso più lungo, ma anche una velocità maggiore rispetto al proiettile k_2. Più precisamente: a causa della velocità relativa dell'astronave, l'osservatore O_f misura la velocità $v_k + v$ per il proiettile k_1 e $v_k - v$ per il proiettile k_2, in accordo con il teorema di addizione delle velocità della trasformazione di Galilei. Le velocità e le lunghezze si compensano perciò a vicenda e quindi i tempi di percorrenza dei due proiettili sono gli stessi. A basse velocità si osserva quindi una simultaneità degli eventi da parte di tutti gli osservatori.

Vediamo però cosa succederebbe se il dispositivo al centro dell'astronave, invece dei proiettili, emettesse due quanti di luce (o fotoni) in direzioni opposte. Ora supponiamo anche una velocità v molto più elevata per l'astronave rispetto a quella dell'esempio precedente. Analogamente al caso dei proiettili, l'osservatore O_f dovrebbe misurare le velocità $c + v$ e $c - v$ anche per i fotoni. Ma non è così: com'è stato confermato dagli esperimenti, l'osservatore O_f, così come O_d, misura esattamente lo stesso valore $c \cong 300000\ Km/s$ per le velocità dei fotoni in entrambe le direzioni. Ciò mostra l'inadeguatezza della trasformazione di Galilei ed evidenzia la necessità di una nuova trasformazione per lo spazio e il tempo che tenga conto dell'invarianza della velocità della luce.

Ora dovrebbe essere chiaro il significato del termine "costanza della velocità della luce in senso relativistico": a differenza della velocità dei corpi di massa, la velocità della luce è la stessa dal punto di vista di tutti gli osservatori, indipendentemente dal loro movimento relativo rispetto alla sorgente luminosa e tra di loro. Nel nostro caso questo porta alla seguente conseguenza: per l'osservatore O_d entrambi i fotoni raggiungono le pareti dell'astronave contemporaneamente. Per l'osservatore O_f, invece, il fotone emesso nella direzione del moto arriva a destinazione più tardi perché, alla stessa velocità c, deve percorrere una distanza maggiore dell'altro fotone. Quindi non c'è più una simultaneità degli eventi per entrambi gli osservatori. In casi come questo si parla di "relatività della simultaneità". Il fisico quindi si rende conto che il concetto di tempo che scorre allo stesso modo per tutti gli osservatori, come Newton aveva immaginato, non ha più senso.

Alla fine del diciannovesimo secolo, i fisici avevano ancora una profonda familiarità con il concetto di tempo e spazio assoluti.

Quando nel 1887 Michelson e Morley resero noti i risultati dei loro esperimenti, gli scienziati di tutto il mondo si trovarono quindi di fronte a una grande sorpresa: le osservazioni sperimentali si trovavano in conflitto con i principi della meccanica. Infatti, l'esperimento con l'interferometro di Michelson aveva dimostrato che la velocità della luce è sempre costante nel vuoto, indipendentemente dallo stato di quiete o di moto della sorgente luminosa.

Di qui fu riconosciuta la necessità di conferire al fenomeno della costanza della velocità della luce l'attributo di postulato fondamentale delle leggi della fisica.

D'altronde si ritenne che questo postulato non fosse compatibile con le leggi newtoniane.

A questa convinzione seguì quindi la rinuncia di intraprendere il tentativo di una spiegazione del fenomeno della costanza della velocità della luce per mezzo della meccanica classica.

Gli scienziati, piuttosto, si convinsero della necessità di dover elaborare una nuova teoria fisica.

La nascita della teoria della relatività è quindi strettamente legata alla supposta incompatibilità della meccanica newtoniana con il fenomeno naturale della costanza della velocità della luce.

Noi però, sulla base dei risultati raggiunti in questa trattazione, abbiamo in questa fase i presupposti necessari per dimostrare la costanza della velocità della luce per qualunque velocità relativa fra sorgente e osservatore per via puramente teorica.

Prima di eseguire la dimostrazione vogliamo qui riassumere brevemente a ritroso la sequenza di dimostrazioni che ha condotto alla derivazione del teorema della composizione delle velocità:

- L'espressione (11.6) della composizione delle velocità è stata ricavata applicando i principi di conservazione dell'energia e della quantità di moto all'urto centrale di due particelle.

- Per il bilancio energetico sono state utilizzate le energie totali delle particelle, vale a dire la somma delle loro energie cinetiche e interne.

- La formula dell'energia totale di una particella (7.5) è stata ricavata nel settimo capitolo con l'utilizzo della relazione (5.4) che esprime la dipendenza dell'inerzia dalla velocità.

- Nel quinto capitolo abbiamo d'altra parte dimostrato che la relazione (5.4) è a sua volta una diretta conseguenza della seconda legge della dinamica e del principio di equivalenza fra energia e massa.

- Il principio di equivalenza fra energia e massa è stato ricavato nei capitoli 3 e 4 con il solo utilizzo della fisica classica.

La conclusione di quest'argomentazione è che nella presente trattazione la dimostrazione del teorema della composizione delle velocità è stata ricavata senza l'utilizzo del postulato della costanza della velocità della luce.

Dimostrazione teorica della costanza della velocità della luce

Ora è proprio con l'utilizzo del teorema della composizione delle velocità (espressione 11.6) che siamo in grado di dimostrare teoricamente il principio della costanza della velocità della luce fra tutti i sistemi di riferimento inerziali.

A questo fine consideriamo una sorgente di luce in movimento rispetto a un osservatore.

Questi, volendo calcolare la velocità relativa della luce v_l potrà utilizzare l'espressione (11.6):

$$v_{12} = \frac{v_1 + v_2}{1 + \dfrac{v_1 v_2}{c^2}} \qquad (11.6)$$

Sostituendo al posto di v_1 la velocità v_s della sorgente luminosa e al posto di v_2 la velocità c che la luce ha se viene emessa da una sorgente in quiete, dalla (11.6) si ottiene:

$$v_l = \frac{c + v_s}{1 + \dfrac{c v_s}{c^2}} \qquad \Rightarrow$$

$$v_l = \frac{c + v_s}{\dfrac{c + v_s}{c}} \qquad\qquad (14.1)$$

La quale, per qualsiasi valore della velocità v_s della sorgente ci dà: $v_l = c$. Questo equivale ad affermare che la velocità della luce è la stessa in ogni sistema di riferimento in moto rettilineo uniforme, indipendentemente dalla velocità di quest'ultimo.

Considerando il procedimento completo che è stato utilizzato per giungere a questa dimostrazione, possiamo affermare che:

La costanza della velocità della luce per qualunque velocità relativa fra sorgente emittente e ricettore è dimostrabile per via puramente teorica, vale a dire, anche senza l'utilizzo degli esperimenti ma a conferma di questi ultimi.

L'utilizzo del teorema della composizione delle velocità, ci pone in grado di dimostrare la costanza della velocità della luce indipendentemente dalla scelta del sistema di riferimento inerziale. Visto sotto quest'aspetto l'enunciato della costanza della velocità della luce non è più un postulato, bensì un principio dimostrabile per mezzo delle leggi della fisica.

15 La trasformazione di Lorentz e le sue applicazioni

Con le trasformazioni delle coordinate di Lorentz, che abbiamo ricavato nel capitolo 13 ricorrendo al principio di conservazione dell'energia e senza far uso del postulato della costanza della velocità della luce, siamo ora in grado di risolvere alcune importanti applicazioni fisiche a velocità elevate e di discuterne i risultati.

Consideriamo un osservatore O localizzato nell'origine di un sistema di riferimento inerziale unidimensionale contrassegnato dalla coordinata x. Un secondo osservatore O' si muova lungo l'asse X con la velocità costante v.

Supponendo che all'istante $t = 0$ le posizioni degli osservatori O e O' coincidano, si possono applicare le seguenti trasformazioni attribuite a Lorentz:

$$x' = \frac{x - vt}{\sqrt{1 - \frac{v^2}{c^2}}} \quad (15.1) \qquad e \qquad t' = \frac{t - \frac{xv}{c^2}}{\sqrt{1 - \frac{v^2}{c^2}}} \quad (15.2)$$

Nelle (15.1) e (15.2), x' e t' rappresentano le misure della posizione e del tempo di un punto **P** dal punto di vista dell'osservatore O'. Esse sono espresse in funzione della posizione x e del tempo t che, per lo stesso punto, sono misurati dall'osservatore O.

Risolvendo la (15.1) e la (15.2) per x e t, si ottiene:

$$x = \frac{x' + vt'}{\sqrt{1 - \frac{v^2}{c^2}}} \quad (15.3) \qquad e \qquad t = \frac{t' + \frac{x'v}{c^2}}{\sqrt{1 - \frac{v^2}{c^2}}} \quad (15.4)$$

Analogamente, nelle (15.3) e (15.4), x e t rappresentano le misure della posizione e del tempo di un punto **P** visto dall'osservatore O, in dipendenza della posizione x' e del tempo t' misurati dell'osservatore O' per lo stesso punto.

È importante notare che il punto **P** non deve trovarsi in quiete in uno dei due sistemi di riferimento. Di conseguenza, sia x che x' possono essere dipendenti dal tempo.

Poiché in questa trattazione vengono presi in considerazione solo movimenti rettilinei uniformi, considereremo soltanto le seguenti dipendenze temporali di x e x', con velocità costanti v_p e v'_p:

$$x = x_0 + v_p t \quad (14.5) \qquad e \qquad x' = x'_0 + v'_p t' \quad (15.6)$$

Con i seguenti parametri:

v_p è la velocità di **P** in O.

x_0 è la posizione all'istante $t = 0$ di **P** in O.

v'_p è la velocità di **P** in O'.

x'_0 è la posizione all'istante $t' = 0$ di **P** in O'.

Dalle relazioni (15.1) e (15.3) risulta che, se $x_0 = 0$, allora è anche: $x'_0 = 0$ e viceversa.

Inoltre risulta che se $v'_p = 0$, allora $v_p = v$ e se $v_p = 0$, allora $v'_p = -v$ e viceversa.

Riassumendo:

$$x_0 = 0 \iff x'_0 = 0 \quad (15.7)$$

$$v'_p = 0 \implies v_p = v \quad (15.8)$$

$$v_p = 0 \implies v'_p = -v \quad (15.9)$$

Seguono esempi di applicazione della trasformazione di Lorentz.

1) <u>Tempo in un punto in quiete nel sistema di riferimento O – Il tempo non è assoluto</u>

Un punto P, con le coordinate $x = x_0$ e $t = 0$, è in quiete nel sistema di riferimento O $(v_p = 0)$.

Dalla relazione (15.2) si ottiene:

$$t' = \frac{-\dfrac{x_0 v}{c^2}}{\sqrt{1 - \dfrac{v^2}{c^2}}}$$

Per $x_0 > 0$ e $v > 0$ risulta: $t' < 0$.

Quindi, mentre l'osservatore O misura il tempo $t = 0$ per il punto x_0, l'osservatore O' percepisce per lo stesso punto un tempo precedente a quello di O.

2) <u>Barretta in quiete in O' - Contrazione della lunghezza</u>

Una barretta si trova in quiete nel sistema di riferimento dell'osservatore O' e ha la lunghezza l'. Le estremità della barretta hanno le coordinate $x_1 = 0$ e $x_2 = l$ all'istante $t = 0$ dell'osservatore O.

Dalla relazione (15.1) per le estremità della barretta nel sistema di riferimento O' risulta:

$$x_1' = 0 \; ; \; x_2' = \frac{l}{\sqrt{1 - \dfrac{v^2}{c^2}}} \quad \Rightarrow$$

$$x_2' - x_1' = l' = \frac{l}{\sqrt{1 - \dfrac{v^2}{c^2}}} \quad \Rightarrow$$

Per la lunghezza della barretta nel sistema di riferimento O si ottiene:

$$l = l' \sqrt{1 - \frac{v^2}{c^2}}$$

L'osservatore O percepisce una contrazione della lunghezza della barretta che si trova in quiete nel sistema di riferimento O'.

3) <u>Tempo proprio t' dell'osservatore O' - Dilatazione del tempo</u>

Per l'osservatore O' risulta nel sistema di riferimento O: $x_0 = 0$ e $v_p = v$. Dalla (15.5) segue: $x = vt$. Inserito in (15.2) risulta:

$$t' = \frac{t - \dfrac{tv^2}{c^2}}{\sqrt{1 - \dfrac{v^2}{c^2}}} \quad \Rightarrow \quad t' = t\sqrt{1 - \frac{v^2}{c^2}} \quad \Rightarrow \quad t = \frac{t'}{\sqrt{1 - \dfrac{v^2}{c^2}}}$$

O percepisce una dilatazione del tempo rispetto a O'. In altre parole, gli intervalli di tempo che trascorrono in O' appaiono dilatati nel sistema di riferimento O.

4) <u>Un fotone viene emesso nel sistema di riferimento O' al tempo $t' = 0$ e alla coordinata $x'_0 = 0$ - Costanza della velocità della luce</u>

Con $x'_0 = 0$ e $v'_p = c$ dalla (15.6) si ottiene: $x' = ct'$. Questa relazione inserita nelle espressioni (15.3) e (15.4) conduce alle:

$$x = \frac{ct' + vt'}{\sqrt{1 - \dfrac{v^2}{c^2}}} \qquad e \qquad t = \frac{t' + \dfrac{ct'v}{c^2}}{\sqrt{1 - \dfrac{v^2}{c^2}}}$$

Poiché se $x'_0 = 0$ è anche $x_0 = 0$, dalla (15.5) risulta per la velocità del fotone nel sistema di riferimento O:

$$v_p = \frac{x}{t} \quad \Rightarrow \quad v_p = \frac{t'(c + v)}{t'(1 + \dfrac{v}{c})} \quad \Rightarrow \quad v_p = c$$

Nonostante i sistemi di riferimento si muovano fra di loro con la velocità relativa v, entrambi gli osservatori O e O' misurano dalla loro prospettiva, che il fotone si muove alla stessa velocità c.

5) <u>Punto in movimento nel sistema di riferimento O' - Composizione delle velocità</u>

Un punto si muove nel sistema di riferimento O' a velocità costante v'_p e ha la posizione $x' = 0$ per $t' = 0$. Dalla (15.6) segue: $x'_0 = 0$ e di conseguenza $x_0 = 0$. Le relazioni (15.5) e (15.6) si riducono alle seguenti:

$$x = v_p t \qquad e \qquad x' = v'_p t'$$

Sostituendo queste relazioni nelle (15.3) e (15.4) si ottiene:

$$v_p t = \frac{v_p' t' + v t'}{\sqrt{1 - \dfrac{v^2}{c^2}}} \quad (a) \qquad e \qquad t = \frac{t' + \dfrac{v_p' v t'}{c^2}}{\sqrt{1 - \dfrac{v^2}{c^2}}} \quad (b)$$

Da (b) risulta:

$$t' = \frac{t \sqrt{1 - \dfrac{v^2}{c^2}}}{1 + \dfrac{v_p' v}{c^2}}$$

Quest'ultima equazione sostituita in (a) ci dà:

$$v_p = \frac{v_p' + v}{1 + \dfrac{v_p' v}{c^2}} \qquad (c)$$

La relazione (c) esprime la composizione relativistica delle velocità.

6) <u>**Due fotoni raggiungono contemporaneamente l'osservatore O'. Questo è valido anche dal punto di vista di O? - Simultaneità**</u>

Due fotoni vengono emessi nel sistema di riferimento O' all'istante $t' = 0$ dalle posizioni $-x_0'$ e x_0' in direzione di O'. Secondo la (15.6) risulta per il primo e per il secondo fotone:

$$x_1' = -x_0' + ct' \qquad e \qquad x_2' = x_0' - ct'$$

I due fotoni raggiungono contemporaneamente la posizione dell'osservatore O' alla coordinata $x' = 0$ dopo l'intervallo $t' = {x_0'}/{c}$.

Dall'osservatore O può essere calcolato l'istante dell'emissione dei fotoni tramite la relazione (15.4).

Al punto di partenza risulta per il primo fotone: $t' = 0$ e $x' = -x'_0$.

Dalla (15.4) risulta:

$$t_{01} = \frac{\dfrac{-x'_0 v}{c^2}}{\sqrt{1 - \dfrac{v^2}{c^2}}}$$

Al punto di partenza risulta per il secondo fotone: $t' = 0$ e $x' = x'_0$.

Dalla (15.4) risulta quindi:

$$t_{02} = \frac{\dfrac{x'_0 v}{c^2}}{\sqrt{1 - \dfrac{v^2}{c^2}}}$$

Si può costatare che per l'osservatore O i fotoni non vengono emessi simultaneamente. Il secondo fotone è emesso successivamente al primo.

In quale momento i fotoni raggiungono la posizione dell'osservatore O' secondo il punto di vista dell'osservatore O?

Abbiamo visto che per il primo e per il secondo fotone risulta quanto segue:

$$x'_1 = -x'_0 + ct' \qquad e \qquad x'_2 = x'_0 - ct'$$

Inserite nella (15.4), otteniamo per i tempi dei due fotoni:

$$t_1 = \frac{t' + \dfrac{(-x'_0 + ct')v}{c^2}}{\sqrt{1 - \dfrac{v^2}{c^2}}} \qquad e \qquad t_2 = \frac{t' + \dfrac{(x'_0 - ct')v}{c^2}}{\sqrt{1 - \dfrac{v^2}{c^2}}}$$

Poiché $t' = \dfrac{x'_0}{c}$ è il tempo che trascorre per entrambi i fotoni nel sistema di riferimento O', otteniamo:

$$t_1 = t_2 = \frac{x'_0}{c\sqrt{1 - \dfrac{v^2}{c^2}}} = \frac{x'_0}{\sqrt{c^2 - v^2}}$$

Quindi, per l'osservatore O, i fotoni raggiungono la posizione dell'osservatore O' simultaneamente.

Per l'osservatore O, O' si muove alla velocità v. Quindi, fino alla posizione dell'osservatore O', il primo fotone deve percorrere, a pari velocità c, una distanza maggiore rispetto al secondo fotone. Ciò nonostante, i fotoni raggiungono l'osservatore O' contemporaneamente perché, dal punto di vista dell'osservatore O, il primo fotone viene emesso anteriormente al secondo.

16 Derivazione dell'effetto Doppler relativistico

L'effetto Doppler relativistico gioca un ruolo chiave nella derivazione tradizionale della Teoria della Relatività.

Infatti, Einstein – dopo averlo ricavato dalle leggi dell'elettrodinamica – si è servito di questo principio nel suo quarto lavoro del 1905 per avvalorare l'ipotesi della dipendenza dell'inerzia dei corpi dal loro contenuto energetico.

In questo capitolo vedremo come una semplice dimostrazione dell'effetto Doppler relativistico possa essere fatta applicando i principi di conservazione dell'energia e della quantità di moto al processo fisico dell'annichilazione di coppia.

Allo scopo ci riferiamo alle fasi II e III dell'esperimento descritto nel quarto capitolo nel quale viene presa in considerazione l'annichilazione di una particella di massa m_0 con conseguente emissione di due fotoni.

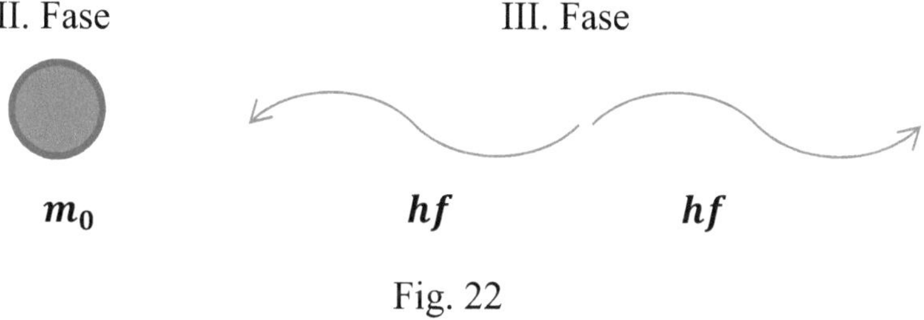

Fig. 22

Si supponga che un osservatore si muova rispetto alla particella nella stessa direzione in cui è emesso uno dei due fotoni.

Come già visto nel terzo capitolo, se la sua velocità v è considerevolmente inferiore a quella della luce, l'osservatore misurerà, in accordo con l'effetto Doppler, una variazione della frequenza dei fotoni emessi pari a:

$$f' = f\left(1 \pm \frac{v}{c}\right) \qquad\qquad (16.1)$$

Se però la velocità dell'osservatore è prossima a quella della luce, l'espressione (16.1) non risulta più corretta.

Per calcolare qual è la variazione della frequenza in dipendenza della velocità nel caso più generale, applicheremo quindi i principi di conservazione alle fasi II e III servendoci anche delle acquisizioni fatte nei capitoli precedenti.

Poiché tutta la massa della particella si trasforma nell'energia dei fotoni, risulta:

$$m_0 c^2 = 2hf \qquad\qquad (16.2)$$

Se f_1 e f_2 sono le frequenze dei fotoni misurate dall'osservatore in direzione del moto e in direzione contraria, per il principio di conservazione dell'energia prima e dopo l'annichilazione della particella si ha:

$$mc^2 = \frac{m_0 c^2}{\sqrt{1 - \dfrac{v^2}{c^2}}} = hf_1 + hf_2 \qquad\qquad (16.3)$$

Con l'applicazione del principio di conservazione della quantità di moto si ottiene inoltre:

$$mv = \frac{m_0 v}{\sqrt{1 - \dfrac{v^2}{c^2}}} = \frac{hf_1}{c} - \frac{hf_2}{c} \qquad\qquad (16.4)$$

Sostituendo il valore $2hf/c^2$ di m_0 ricavato dalla (16.2) nella (16.3) e nella (16.4) si ottiene, dopo aver semplificato, il seguente sistema di equazioni:

$$\begin{cases} f_1 + f_2 = \dfrac{2f}{\sqrt{1 - \dfrac{v^2}{c^2}}} \\[2em] f_1 - f_2 = \dfrac{2f\dfrac{v}{c}}{\sqrt{1 - \dfrac{v^2}{c^2}}} \end{cases}$$

Risoluzione del sistema di equazioni

Risolvendo rispetto alle incognite f_1 e f_2 otteniamo:

$$f_1 = f\,\frac{(1 + \dfrac{v}{c})}{\sqrt{1 - \dfrac{v^2}{c^2}}} \quad ; \quad f_2 = f\,\frac{(1 - \dfrac{v}{c})}{\sqrt{1 - \dfrac{v^2}{c^2}}}$$

Oppure, in forma compatta:

$$f' = f\left(1 \pm \frac{v}{c}\right)\gamma \qquad\qquad (16.5)$$

Dove γ rappresenta il cosiddetto fattore di Lorentz. Va notato che le relazioni (16.1) e (16.5) sono identiche, tranne che per questo fattore, e che la formula classica (16.1) rappresenta un caso limite della relazione relativistica (16.5) per $v \ll c$ e di conseguenza per $\gamma = 1$.

Con semplici passaggi algebrici si perviene infine, per la variazione della frequenza elettromagnetica in funzione della velocità, alle seguenti espressioni:

$$f_1 = f\sqrt{\frac{c + v}{c - v}} \quad ; \quad f_2 = f\sqrt{\frac{c - v}{c + v}} \qquad (16.6)$$

Le espressioni (16.6) sono in accordo con quelle ricavate per l'effetto Doppler ottico con il metodo di dimostrazione tradizionale della Teoria della Relatività Speciale.

Effetto Doppler classico e relativistico a confronto

Nelle figure 23 e 24 sono messi a confronto gli andamenti classici (curve violette) e relativistici (curve verdi) della frequenza elettromagnetica.

Secondo la formula classica (16.1), della variazione della frequenza elettromagnetica di una sorgente luminosa che si avvicina all'osservatore, la frequenza può al massimo raddoppiarsi mentre, secondo la formula relativistica (16.5), per velocità elevate della sorgente luminosa, la frequenza tende a un valore infinito.

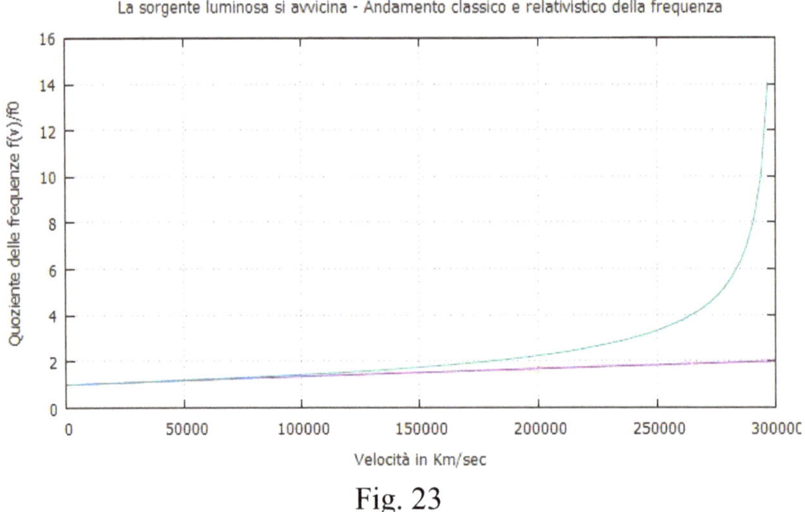

Fig. 23

Se invece la sorgente luminosa si allontana dall'osservatore (fig. 24) la differenza fra gli andamenti delle formule (16.1) e (16.6) non è può molto rilevante.

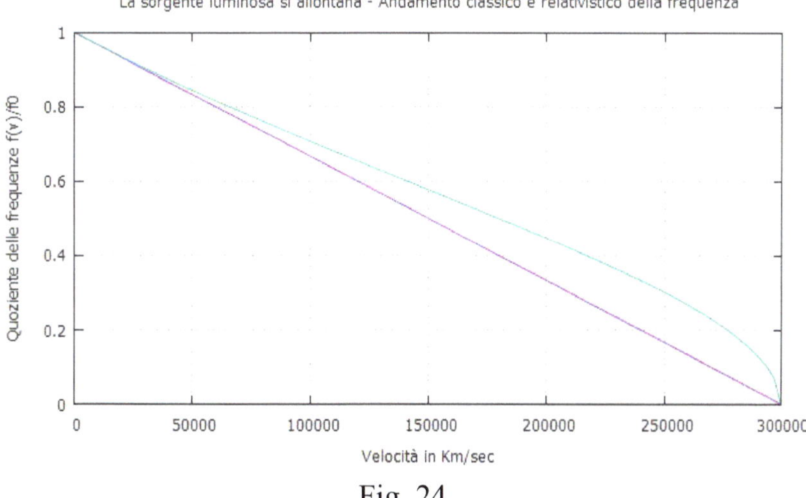

Fig. 24

In questo caso, è anche interessante notare che non solo la relazione relativistica (16.6), ma anche quella classica (16.1), mostra che la velocità della luce non può essere superata, infatti, in base all'equazione $f' = f(1 - v/c)$, per $v > c$ la frequenza assumerebbe un valore negativo e quindi non valido.

Sotto l'aspetto matematico, tuttavia, l'equazione classica (16.1) non possiede l'*efficacia* della relazione relativistica (16.6) che, già analiticamente, non è definita né per $v > c$, né per $v = c$.

L'applicazione dei principi di conservazione della quantità di moto e dell'energia all'osservazione sperimentale dell'annichilazione elettrone-positrone ci consente di calcolare la variazione di frequenza elettromagnetica in funzione della velocità relativa fra sorgente emittente e ricettore.

17 Dipendenza dell'accelerazione dalla velocità

Nel secondo capitolo è già stato posto l'accento sul fatto che il secondo principio della dinamica in connessione con la formula di massa relativistica (5.4) conduce alla relazione dell'accelerazione relativistica (vedi Appendice A II).

Per il calcolo dell'accelerazione prendiamo anche in questo capitolo in considerazione il secondo principio della dinamica che, come già visto nel primo capitolo, nel caso più generale è espresso dalla seguente relazione:

$$\vec{F} = \frac{d(m\vec{v})}{dt} \iff \vec{F} = \vec{v}\,\frac{dm}{dt} + m\,\frac{d\vec{v}}{dt} \qquad (17.1)$$

Per derivare la dipendenza dell'accelerazione dalla velocità, vengono presentate qui di seguito due dimostrazioni:

Nella prima dimostrazione, per semplicità, si considera il caso in cui un corpo materiale si muove nella stessa direzione della forza che agisce su di esso.

In questo primo caso viene presentata una derivazione che si basa su un calcolo puramente scalare e che è adatta a descrivere il movimento delle particelle negli acceleratori lineari.

Nel secondo caso, viene utilizzato un calcolo vettoriale per derivare le due componenti longitudinale e trasversale dell'accelerazione. Questa seconda dimostrazione riguarda le situazioni in cui un corpo materiale non si muove nella stessa direzione della forza che agisce su di esso, come ad esempio si verifica nel movimento dei corpi celesti.

Entrambi i casi sono adatti a dimostrare che il secondo principio della dinamica rappresenta la relazione fondamentale per il calcolo dell'accelerazione relativistica.

Caso 1. Calcolo scalare.

In questa dimostrazione ci limiteremo ai movimenti rettilinei nei quali, come nel caso degli acceleratori lineari, il percorso delle particelle procede nella stessa direzione della forza.

In questo caso la relazione (17.1) può essere utilizzata in forma scalare:

$$F = v\frac{dm}{dt} + m\frac{dv}{dt} \qquad (17.2)$$

Poiché lo spostamento ha la stessa direzione della forza, per il lavoro infinitesimale arrecato può essere utilizzata la relazione (5.1) (vedi capitolo 5).

$$Fds = c^2 dm \qquad (5.1)$$

Dalla (5.1) si ricava:

$$dm = \frac{Fvdt}{c^2} \qquad (17.3)$$

Sostituendo la (17.3) e la relazione relativistica (5.4) della massa $m = m_0/\sqrt{1 - v^2/c^2}$ nella (17.1), dopo aver semplificato si ottiene:

$$F = \frac{v^2}{c^2}F + \frac{m_0}{\sqrt{1 - \dfrac{v^2}{c^2}}}\frac{dv}{dt}$$

Dalla quale si ricava:

$$F = \frac{m_0 a}{\left(1 - \dfrac{v^2}{c^2}\right)^{\frac{3}{2}}} \qquad (17.4)$$

Dalla (17.4) si ottiene l'espressione dell'accelerazione valida per percorsi rettilinei in funzione della velocità:

$$a = \frac{F}{m_0}\left(1 - \frac{v^2}{c^2}\right)^{\frac{3}{2}} \qquad (17.5)$$

È semplice verificare che la (17.5) si riduce alla forma scalare della (1.1) nel caso in cui $v \ll c$.

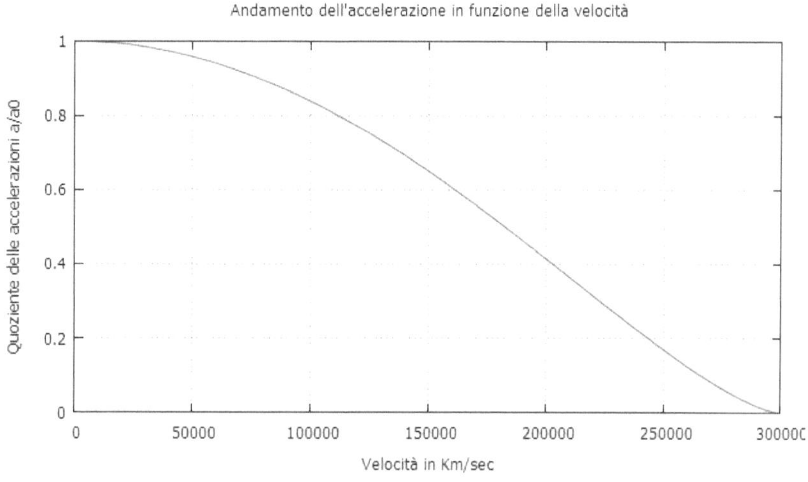

Fig. 25

La (17.5) mostra anche che, mantenendo costante la forza, all'aumentare della velocità l'accelerazione si riduce progressivamente, tendendo a zero per velocità prossime a quella della luce (vedi figura 25).

Questo risultato si trova in perfetto accordo con le osservazioni sperimentali effettuate per mezzo degli acceleratori di particelle subatomiche.

È interessante notare che la relazione (17.5) è anche ricavabile dall'equazione differenziale (7.3) che abbiamo usato nel settimo capitolo come espressione intermedia per il calcolo dell'energia cinetica:

$$Fds = \frac{m_0 v}{\left(1 - \frac{v^2}{c^2}\right)^{\frac{3}{2}}} dv \qquad (7.3)$$

Infatti, sostituendo nella (7.3) il prodotto della velocità e del differenziale del tempo vdt al posto dello spostamento infinitesimale ds, e il prodotto dell'accelerazione e del differenziale del tempo adt al posto del valore infinitesimale della velocità dv, dopo aver semplificato e risolto rispetto all'accelerazione a si ottiene la (17.5).

Caso 2. Calcolo vettoriale.

Nel caso in cui il percorso del corpo materiale non procede nella stessa direzione della forza, la relazione (5.1) del lavoro elementare deve essere scritta nel seguente modo:

$$\vec{F} \cdot d\vec{s} = \vec{F} \cdot \vec{v}dt = c^2 dm \qquad (17.6)$$

Dove $\vec{F} \cdot d\vec{s}$ rappresenta il prodotto scalare dei vettori della forza e del percorso infinitesimale.

Dalla (17.6) si ottiene:

$$\frac{dm}{dt} = \frac{\vec{F} \cdot \vec{v}}{c^2} \qquad (17.7)$$

Dopo aver inserito la relazione (17.7) e la formula della massa relativistica $m = m_0/\sqrt{1 - v^2/c^2}$ nella (17.1) si ottiene semplificando:

$$\vec{F} = \frac{\vec{F} \cdot \vec{v}}{c^2}\vec{v} + \frac{m_0}{\sqrt{1 - \frac{v^2}{c^2}}}\frac{d\vec{v}}{dt} \qquad (17.8)$$

Nel seguente calcolo vettoriale utilizzeremo per tutti i vettori, la componente parallela (componente longitudinale) e la componente perpendicolare (componente trasversale) alla velocità $\vec{v}$:

$$\vec{F} = \begin{pmatrix} F_L \\ F_T \end{pmatrix}; \qquad \frac{d\vec{v}}{dt} = \vec{a} = \begin{pmatrix} a_L \\ a_T \end{pmatrix}; \qquad \vec{v} = \begin{pmatrix} v \\ 0 \end{pmatrix}$$

Dall'equazione (17.8) si ottiene:

$$\begin{pmatrix} F_L \\ F_T \end{pmatrix} = \frac{1}{c^2}\left[\begin{pmatrix} F_L \\ F_T \end{pmatrix} \cdot \begin{pmatrix} v \\ 0 \end{pmatrix}\right]\begin{pmatrix} v \\ 0 \end{pmatrix} + \frac{m_0}{\sqrt{1-\frac{v^2}{c^2}}}\begin{pmatrix} a_L \\ a_T \end{pmatrix} \quad \Rightarrow$$

$$\begin{pmatrix} F_L \\ F_T \end{pmatrix} - \frac{F_L v}{c^2}\begin{pmatrix} v \\ 0 \end{pmatrix} = \frac{m_0}{\sqrt{1-\frac{v^2}{c^2}}}\begin{pmatrix} a_L \\ a_T \end{pmatrix} \quad \Rightarrow$$

Poiché F_L ha la stessa direzione di v segue:

$$\begin{pmatrix} F_L \\ F_T \end{pmatrix} - \frac{v^2}{c^2}\begin{pmatrix} F_L \\ 0 \end{pmatrix} = \frac{m_0}{\sqrt{1-\frac{v^2}{c^2}}}\begin{pmatrix} a_L \\ a_T \end{pmatrix} \quad \Rightarrow$$

$$\begin{pmatrix} (1-\frac{v^2}{c^2})F_L \\ F_T \end{pmatrix} = \frac{m_0}{\sqrt{1-\frac{v^2}{c^2}}}\begin{pmatrix} a_L \\ a_T \end{pmatrix} \quad \Rightarrow$$

Da questa relazione vettoriale si ottiene per la componente longitudinale e per quella trasversale dell'accelerazione:

$$a_L = \frac{F_L}{m_0}\left(1-\frac{v^2}{c^2}\right)^{\frac{3}{2}} \qquad a_T = \frac{F_T}{m_0}\left(1-\frac{v^2}{c^2}\right)^{\frac{1}{2}} \qquad (17.9)$$

La figura 26 mostra le curve delle componenti del vettore longitudinale e trasversale dell'accelerazione relativistica in funzione della velocità. Anche queste relazioni concordano (per usare le parole di Max Born) con quelle derivate dal "formalismo matematico della teoria della relatività".

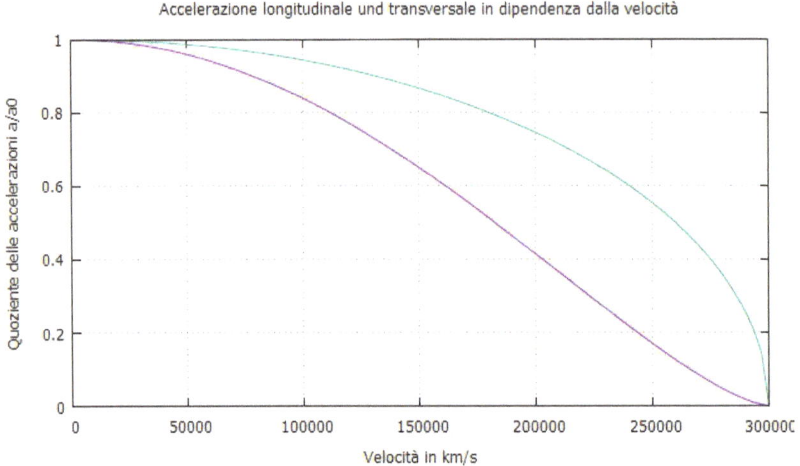

Fig. 26

La definizione del secondo principio della dinamica nella sua forma generale, ci consente di ricavare l'espressione dell'accelerazione in funzione della velocità. L'andamento delle curve illustrate in figura mostra che, per velocità prossime a quella della luce, l'accelerazione tende ad annullarsi, così com'è confermato dalle osservazioni sperimentali.

18 Composizione di velocità ortogonali

Con il metodo di derivazione alternativo utilizzato in questo lavoro, ci siamo finora limitati a dimostrare, confermandole, formule relativistiche ben note. In questo capitolo vogliamo andare oltre, mostrando che con lo stesso metodo è possibile ricavare relazioni relativistiche non ancora conosciute.

Utilizzando il principio di conservazione dell'energia vogliamo ora ricavare la formula della composizione per velocità ortogonali, alla quale si deve ricorrere, ad esempio, per dare una risposta a problemi del tipo seguente.

Consideriamo il seguente problema astronomico:

Una galassia si allontani con una velocità pari all'80% della velocità della luce in una direzione inclinata di 45° rispetto all'asse congiungente un osservatore con il centro della galassia stessa.

Una stella della galassia si muova con la stessa velocità, ma in direzione ortogonale a questa, così che la risultante delle due velocità abbia la stessa direzione dell'asse di congiunzione fra osservatore e galassia.

Ci poniamo la domanda seguente:

Con quale velocità si allontana la stella dall'osservatore?

Per la meccanica classica, in questo caso, la velocità della stella si otterrebbe applicando il teorema di Pitagora al modulo dei vettori componenti che sono fra loro ortogonali.

Questo valore della velocità risulterebbe essere superiore a quello della luce, con la conseguenza che la stella non sarebbe più visibile.

Quale sarebbe, però, il valore della velocità della stella rispetto all'osservatore secondo la Teoria della Relatività Speciale?

Per dare una risposta a questa domanda abbiamo bisogno della formula di composizione relativistica per velocità ortogonali che ricaveremo in questo capitolo.

Dimostrazione della formula per due velocità

Prendiamo in considerazione l'urto centrale tra due elettroni che si muovono l'uno verso l'altro alle stesse velocità v_x come illustrato a sinistra in figura 27.

Supponiamo che a seguito della collisione si formi una nuova particella di massa m_0 che, dal punto di vista di un osservatore O, si trovi nell'origine di un sistema di riferimento in quiete con lui.

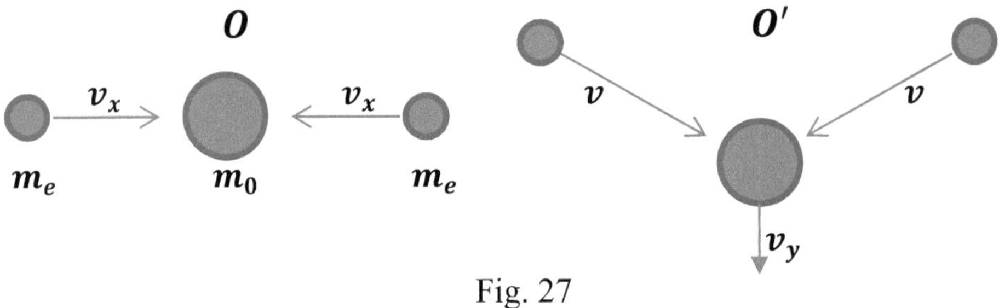

Fig. 27

Consideriamo ora lo stesso esperimento ideale dal punto di vista di un secondo osservatore O' che si muova verso l'alto alla velocità v_y ortogonale alla direzione del moto degli elettroni collidenti (vedi in figura a destra).

Dal punto di vista di O, a causa della legge di conservazione dell'energia, risulta quanto segue (vedi nella figura a sinistra), dove m_{0e} è la massa a riposo dell'elettrone:

$$m_0 c^2 = \frac{2m_{0e}c^2}{\sqrt{1 - \frac{v_x^2}{c^2}}} \qquad (18.1)$$

Dal punto di vista dell'osservatore O', la particella formata dopo la collisione si muove lungo l'asse Y verso il basso con la velocità v_y (vedi a destra nella figura) e quindi per lui risulta:

$$\frac{m_0 c^2}{\sqrt{1 - \frac{v_y^2}{c^2}}} = \frac{2m_{0e} c^2}{\sqrt{1 - \frac{v^2}{c^2}}} \qquad (18.2)$$

Sostituendo l'equazione (18.1) nella relazione (18.2) si ottiene:

$$\frac{2m_{0e} c^2}{\sqrt{1 - \frac{v_x^2}{c^2}}\sqrt{1 - \frac{v_y^2}{c^2}}} = \frac{2m_{0e} c^2}{\sqrt{1 - \frac{v^2}{c^2}}} \quad \Rightarrow$$

$$\left(1 - \frac{v_x^2}{c^2}\right)\left(1 - \frac{v_y^2}{c^2}\right) = 1 - \frac{v^2}{c^2} \quad \Rightarrow$$

$$1 - \frac{v_x^2}{c^2} - \frac{v_y^2}{c^2} + \frac{v_x^2 v_y^2}{c^4} = 1 - \frac{v^2}{c^2}$$

Di qui segue:

$$v^2 = v_x^2 + v_y^2 - \frac{v_x^2 v_y^2}{c^2} \qquad (18.3)$$

La relazione (18.3) esprime il teorema di composizione relativistica per velocità ortogonali.

È facile ravvisare che la relazione (18.3) per $v_x \ll c$ e $v_y \ll c$ si riduce a $v^2 = v_x^2 + v_y^2$, così come è noto sia valido per l'addizione di vettori ortogonali.

Se una o entrambe le componenti sono uguali a c, allora risulta: $v = c$.

Per altri valori arbitrari di $\boldsymbol{v_x}$ e $\boldsymbol{v_y}$, secondo la relazione (18.3), $\boldsymbol{v}$ non supera in nessun caso la velocità della luce, come del resto è da aspettarsi in base alla teoria della relatività. Di quest'ultima affermazione ne diamo una dimostrazione per assurdo.

Dimostrazione per assurdo

Usando per la velocità della luce il valore assoluto 1 supponiamo per assurdo che:

$$v_x^2 + v_y^2 - v_x^2 v_y^2 > 1 \quad \Rightarrow$$

$$v_x^2 + v_y^2 - v_x^2 v_y^2 - 1 > 0 \quad \Rightarrow$$

$$v_x^2\left(1 - v_y^2\right) - \left(1 - v_y^2\right) > 0 \quad \Rightarrow$$

$$\left(1 - v_y^2\right)\left(1 - v_x^2\right) < 0$$

Poiché v_y^2 e v_x^2 sono minori di 1 quest'ultima disequazione non è mai verificata. Come si voleva dimostrare.

Non mi risulta che la relazione (18.3) sia nota nel contesto del metodo di derivazione tradizionale della Teoria della Relatività.

Utilizziamo ora la relazione (18.3) per risolvere il problema astronomico che ci siamo posti all'inizio del capitolo.

Usando per la velocità della luce il valore assoluto 1 otteniamo:

$$v^2 = 0.8^2 + 0.8^2 - 0.8^4$$

Da cui si ha: $v \cong 0.933$.

Dalla formula (18.3) si può ricavare la formula per la composizione relativistica di tre velocità ortogonali.

Supponiamo che v_1, v_2 e v_3 siano i moduli di tre velocità fra loro ortogonali, delle quali si voglia calcolare la velocità risultante.

In una prima fase della dimostrazione calcoliamo la risultante v_{12} delle velocità v_1 e v_2 con la formula (18.3):

$$v_{12}^2 = v_1^2 + v_2^2 - \frac{v_1^2 v_2^2}{c^2} \qquad (18.4)$$

Poiché la velocità v_3 è a sua volta ortogonale rispetto alla v_{12}, dalla composizione di queste due velocità con la (18.3) si ottiene la risultante v_{123} delle tre velocità v_1, v_2 e v_3:

$$v_{123}^2 = v_{12}^2 + v_3^2 - \frac{v_{12}^2 v_3^2}{c^2} \qquad (18.5)$$

Sostituendo v_{12}^2 nella (18.5) con il risultato della (18.4), dopo aver semplificato si ottiene:

$$v_{123}^2 = v_1^2 + v_2^2 + v_3^2 - \frac{v_1^2 v_2^2}{c^2} - \frac{v_1^2 v_3^2}{c^2} - \frac{v_2^2 v_3^2}{c^2} + \frac{v_1^2 v_2^2 v_3^2}{c^4} \qquad (18.6)$$

Quest'ultima espressione rappresenta la composizione relativistica per velocità ortogonali in 3D. Si può facilmente costatare che se una delle velocità è uguale a zero, la (18.6) assume la stessa forma della (18.3).

Se una, due o tutte le velocità sono uguali alla velocità della luce c, allora risulta che anche la risultante v_{123} è uguale a c e questo è anche il massimo valore che può assumere.

Riepilogo

Le dimostrazioni alternative di Einstein e di Rohrlich provano che la famosa espressione $E = mc^2$, generalmente considerata relativistica, è in realtà una semplice conseguenza dell'interazione fra radiazione e materia.

Così ricavato, il principio di equivalenza fra energia e massa, fornisce alla meccanica newtoniana la relazione mancante che permette di integrare l'equazione differenziale derivata dal secondo principio della dinamica, nel caso più generale:

$$\begin{cases} dE = v^2 dm + mv dv \\ dE = c^2 dm \end{cases} \Rightarrow$$

$$c^2 dm = v^2 dm + mv dv \qquad (5.2)$$

L'integrazione della (5.2) ci fornisce una prima importante relazione sulla dipendenza dell'inerzia di un corpo dalla sua velocità:

$$m = \frac{m_0}{\sqrt{1 - \dfrac{v^2}{c^2}}} \qquad (5.4)$$

Usando questa relazione e i principi di conservazione dell'energia e della quantità di moto, e rinunciando a ipotesi basate sui postulati relativistici, si possono successivamente dimostrare altre importanti relazioni tutte attribuite alla teoria della relatività:

- L'espressione dell'energia cinetica nel caso più generale:

$$E_c = \frac{m_0 c^2}{\sqrt{1 - \dfrac{v^2}{c^2}}} - m_0 c^2 \qquad (7.4)$$

- L'equazione dell'energia totale del corpo materiale:

$$mc^2 = \frac{m_0 c^2}{\sqrt{1 - \dfrac{v^2}{c^2}}} = E_c + m_0 c^2 \qquad (7.5)$$

- L'espressione che pone in relazione energia, quantità di moto e massa, come illustra il cosiddetto triangolo relativistico E-p-m:

$$E = mc^2 = c\sqrt{p^2 + m_0^2 c^2} \qquad (7.1)$$

- Il teorema relativistico di composizione delle velocità:

$$v_{12} = \frac{v_1 + v_2}{1 + \dfrac{v_1 v_2}{c^2}} \qquad (11.6)$$

- La contrazione relativistica della lunghezza e la dilatazione del tempo in funzione della velocità:

$$l' = l\sqrt{1 - \frac{v^2}{c^2}} \quad (12.6) \qquad t' = \frac{t}{\sqrt{1 - \dfrac{v^2}{c^2}}} \quad (12.7)$$

- La dimostrazione alternativa della trasformazione di Lorentz per lo spazio e il tempo:

$$x' = \frac{x - vt}{\sqrt{1 - \dfrac{v^2}{c^2}}} \quad (13.4) \qquad t' = \frac{t - \dfrac{xv}{c^2}}{\sqrt{1 - \dfrac{v^2}{c^2}}} \quad (13.7)$$

- L'invariabilità della velocità della luce indipendentemente dal moto relativo della sorgente luminosa rispetto all'osservatore:

$$v_l = \frac{c + v_q}{1 + \dfrac{v_q}{c}} = c \qquad (14.1)$$

- La variazione della frequenza elettromagnetica a velocità elevate per l'avvicinamento e l'allontanamento fra la sorgente luminosa e l'osservatore:

$$f' = f \sqrt{\frac{c+v}{c-v}} \qquad f' = f \sqrt{\frac{c-v}{c+v}} \qquad (16.6)$$

- Le relazioni della componente longitudinale e trasversale dell'accelerazione relativistica in funzione della velocità:

$$a_L = \frac{F_L}{m_0}\left(1 - \frac{v^2}{c^2}\right)^{\frac{3}{2}} \qquad a_T = \frac{F_T}{m_0}\left(1 - \frac{v^2}{c^2}\right)^{\frac{1}{2}} \qquad (17.9)$$

Tutte queste relazioni si trovano in accordo con le corrispondenti ricavate per mezzo dei postulati della teoria della relatività o meglio con l'uso delle trasformazioni di Lorentz..

E non solo questo. Con il metodo di derivazione alternativo utilizzato in questo lavoro, è possibile ricavare relazioni relativistiche non ancora conosciute. Un esempio ne è la composizione di velocità ortogonali.

Per due velocità:

$$v^2 = v_x^2 + v_y^2 - \frac{v_x^2 v_y^2}{c^2} \qquad (18.3)$$

E per tre velocità:

$$v_{123}^2 = v_1^2 + v_2^2 + v_3^2 - \frac{v_1^2 v_2^2}{c^2} - \frac{v_1^2 v_3^2}{c^2} - \frac{v_2^2 v_3^2}{c^2} + \frac{v_1^2 v_2^2 v_3^2}{c^4} \qquad (18.6)$$

Conclusione

Le dimostrazioni alternative esaminate in questa trattazione mostrano come si possa pervenire ai risultati della teoria della relatività, partendo dalla fisica classica.

Se da un lato vengono quindi confermati i risultati della teoria della relatività ristretta, dall'altro si dimostra che la meccanica newtoniana ha un'attendibilità molto maggiore a quella che solitamente le viene attribuita.

Il principio di equivalenza fra energia e massa -

La formula di dipendenza della massa dalla velocità -

L'espressione dell'energia cinetica e totale del punto materiale -

Il teorema di composizione delle velocità -

Le relazioni della contrazione relativistica delle lunghezze e della dilatazione del tempo in funzione della velocità -

Le trasformazioni per lo spazio e il tempo di Lorentz -

La variazione della frequenza elettromagnetica per velocità qualunque -

L'accelerazione relativistica in funzione della velocità …

Tutte queste relazioni sono considerate, nel mondo della fisica, rigorosamente relativistiche e quindi derivabili solo con la trasformazione di Lorentz.

In realtà esse sono tutte ricavabili anche, partendo dalla fisica classica, con l'uso della seconda legge della dinamica di Newton e dei principi di conservazione dell'energia e della quantità di moto.

A tali risultati conduce la "Lex Secunda", se è usata in modo appropriato.

Applicazioni

I Esempio – Applicazione dei principi di conservazione all'assorbimento elettromagnetico

La figura I illustra un corpo materiale di massa m_0 che, ad un certo istante, assorbe un fotone di frequenza v.

A causa dell'assorbimento il corpo passerà dallo stato di quiete a quello di moto a velocità v.

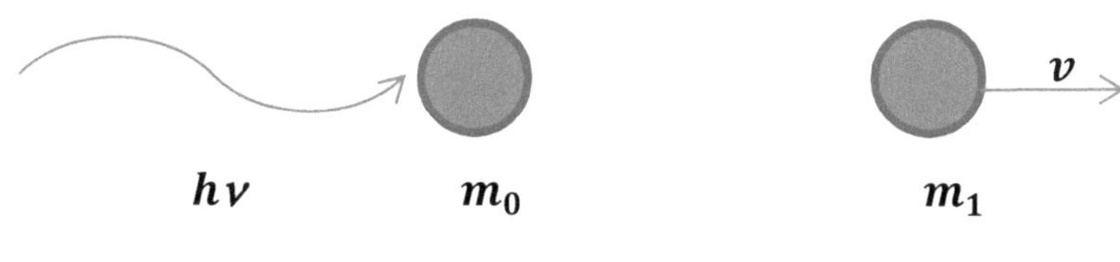

Fig. I

Applicando i principi di conservazione prima e dopo l'assorbimento misuriamo:

Per la quantità di moto:

$$\frac{hv}{c} = m_1 v \qquad\qquad (\mathrm{I.1})$$

Per l'energia:

$$m_0 c^2 + hv = m_1 c^2 \qquad\qquad (\mathrm{I.2})$$

Dalla (I.1) *possiamo calcolare* $m_1 = hv/cv$ *che sostituiamo nella* (I.2):

$$m_0 c^2 + hv = \frac{hv}{cv} c^2 \qquad\qquad (\mathrm{I.3})$$

Risolvendo rispetto alla velocità v otteniamo:

$$v = \frac{ch\nu}{m_0 c^2 + h\nu}$$

Supponiamo ora per assurdo che la velocità v sia maggiore o uguale a quella della luce, $v \geq c$:

$$\frac{ch\nu}{m_0 c^2 + h\nu} \geq c \qquad\qquad (I.\,4)$$

Semplificando si ottiene:

$$m_0 c^2 \leq 0$$

Con il seguente risultato: L'ipotesi che la velocità sia uguale o maggiore a quella della luce implica quindi il presupposto insostenibile che la massa di un corpo sia uguale o minore di zero.

II Esempio – Applicazione dei principi di conservazione all'emissione elettromagnetica

La figura II illustra un corpo materiale di massa m_0 che, ad un certo istante, emette un fotone di frequenza v.

A causa dell'emissione il corpo passerà dallo stato di quiete a quello di moto a velocità v.

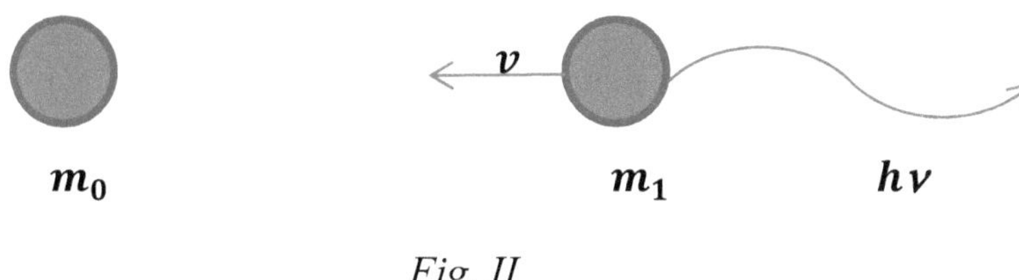

Fig. II

Applicando i principi di conservazione prima e dopo l'emissione misuriamo:

Per la quantità di moto:

$$0 = \frac{h v}{c} - m_1 v \qquad\qquad (\text{II. }1)$$

Per l'energia:

$$m_0 c^2 = m_1 c^2 + h v \qquad\qquad (\text{II. }2)$$

Dalla (II. 1) *possiamo calcolare* $m_1 = h v / cv$ *che sostituiamo nella* (II. 2):

$$m_0 c^2 = \frac{h v}{cv} c^2 + h v \qquad\qquad (\text{II. }3)$$

Risolvendo rispetto alla velocità v otteniamo:

$$v = \frac{chv}{m_0 c^2 - hv}$$

Tenendo presente che la velocità di un corpo è sempre inferiore a quella della luce, possiamo scrivere la seguente disequazione:

$$\frac{chv}{m_0 c^2 - hv} < c$$

Che si riduce alla seguente:

$$hv < \frac{1}{2} m_0 c^2 \qquad\qquad (\text{II}.\,4)$$

Con la $(\text{II}.\,4)$ *si dimostra quindi che, nel caso dell'emissione di un singolo fotone, l'energia* hv *del quanto di luce è sempre inferiore alla metà dell'energia interna del corpo emettitore.*

Historia operis

Già negli anni dei miei studi universitari ebbi l'intenzione di calcolare una derivazione alternativa della formula $E = mc^2$.

Sapevo che questa equazione è strettamente legata alla teoria della relatività. Sapevo però anche che questa formula vale, invariata, per tutti i fenomeni nel contesto della fisica classica[21]. Perché dovrebbe quindi essere dimostrabile solo con la relatività e non anche in "modo classico"? Mi domandavo.

In un primo momento tentai di dimostrare la formula con la fisica classica usando la legge della conservazione dell'energia e le proprietà fisiche della radiazione elettromagnetica, ma fallii ripetutamente nel calcolo della derivazione.

Poiché l'equazione $E = mc^2$ è una relazione riguardante energia, cercai di risolvere il problema facendo affidamento su dimostrazioni basate sul bilancio energetico. E così i miei tentativi furono sempre infruttuosi, fino al giorno in cui, riguardo alla famosa formula, lessi le seguenti frasi su Wikipedia:

"An alternative version of Einstein's thought experiment was proposed by Fritz Rohrlich (1990), who based his reasoning on the Doppler Effect. Like Einstein, he considered a body at rest with mass M. If the body is examined in a frame moving with nonrelativistic velocity v, it is no longer at rest and in the moving frame it has momentum P = Mv."

Dopo aver letto queste righe, mi resi finalmente conto del fatto che nella derivazione non avrei dovuto usare il bilancio energetico e neanche la legge

---

[21] In tutte le reazioni esotermiche è possibile rilevare una diminuzione di massa (o difetto di massa) dei prodotti di reazione rispetto alle sostanze reagenti. Questo difetto di massa può essere spiegato con una conversione di materia in energia secondo il principio di equivalenza energia-massa. Questo vale sia per le reazioni nucleari e che per quelle chimiche. Molte di queste reazioni possono essere descritte anche con la sola fisica classica.

di conservazione dell'energia, ma un'equazione basata sulla conservazione della quantità di moto!

Avvalendomi di queste informazioni cercai, io stesso, la soluzione e finalmente raggiusi l'obiettivo.

I capitoli terzo e quarto riportano tre derivazioni alternative del principio di equivalenza energia-massa. Due die queste dimostrazioni sono basate sull'effetto Doppler ottico o meglio sulla variazione della frequenza della radiazione elettromagnetica in funzione della velocità.

Questa legge fisica, a differenza dell'effetto Doppler acustico, possiede due importanti caratteristiche che, in un certo senso, la mettono in collegamento con la teoria della relatività:

$$f' = f(1 \pm v/c) \qquad (16.1)$$

Innanzitutto, v nella formula della variazione della frequenza (16.1) rappresenta la velocità relativa tra la sorgente luminosa e l'osservatore, vale a dire: *non ha importanza che sia la sorgente luminosa, l'osservatore o entrambi a muoversi. Ogni osservatore può considerarsi in stato di quiete.*

Quindi, la relazione classica (16.1) per la frequenza delle onde elettromagnetiche, allo stesso modo della formula relativistica, non implica a priori una dipendenza fisica da un mezzo materiale di propagazione, né tanto meno da uno spazio assoluto.

Inoltre, l'equazione (16.1) mostra che per $v > c$ la frequenza assumerebbe un valore negativo e quindi non ammissibile.

Dopo questo primo passo, trascorsero alcuni anni fino al giorno in cui mi resi conto che la relazione del principio di equivalenza energia-massa può essere usata per risolvere l'equazione differenziale del lavoro meccanico (vedi equazione (1.5)).

Ciò condusse alla derivazione alternativa della dipendenza della massa dalla velocità, che è descritta nel quinto capitolo di questa trattazione.

Notevole in questa dimostrazione è la comparsa del fattore di Lorentz $1/\sqrt{1 - v^2/c^2}$ nella formula della massa (vedi relazione 5.4). Infatti, questo fattore è considerato un risultato esclusivo delle trasformazioni di Lorentz, che però non vengono utilizzate in questa derivazione.

- È solo una coincidenza? - e - Si tratta di un successo destinato a non ripetersi? - Mi domandai allora.

Una cosa però era ora chiara per me: con questa derivazione si era evidenziato che nella "Lex Secunda" di Newton c'era più potenziale di quanto non avessi sospettato in precedenza.

Nella sua forma completa, cioè con entrambi i termini (vedi equazione (2.1)), la legge di Newton aveva condotto a questa importantissima relazione relativistica.

Si trattava di un indizio che con questa relazione si potessero ottenere altri risultati importanti?

Mi chiedevo se il secondo termine $\vec{v}\dfrac{dm}{dt}$ della relazione (2.1) non rappresentasse l'anello di connessione mancante fra la meccanica newtoniana e la meccanica relativistica.

Per verificarlo, dovevo provare a utilizzare la legge di Newton in collegamento con ciò che ero riuscito a raggiungere fino a quel punto.

Ora avevo due importanti formule relativistiche a mia disposizione, che però erano state derivate in modo puramente *classico*.

La prima relazione era quella dell'equivalenza energia-massa:

$$\Delta E = \Delta m c^2 \qquad (2.6)$$

La seconda relazione era quella della dipendenza della massa dalla velocità:

$$m = m_0/\sqrt{1 - v^2/c^2} \qquad (5.4)$$

Sapevo che l'integrazione dell'equazione differenziale $dE_k = m_0 v dv$ (1.2) dalla seconda legge della dinamica conduce al calcolo dell'energia cinetica nella meccanica classica:

$$E_c = m_0 \int_0^v v\, dv = \frac{1}{2} m_0 v^2 \quad (7.1)$$

Mi era chiaro che la relazione (7.1) dell'energia cinetica può essere valida solo per basse velocità e massa costante, poiché è derivata soltanto dal primo termine $m_0 v dv$ dell'equazione differenziale del lavoro meccanico. Tuttavia sapevo che nella sua forma completa la suddetta relazione dovesse essere definita come segue:

$$dE_c = mvdv + v^2 dm \qquad (1.5).$$

Se volevo ottenere una relazione valida per l'energia cinetica a velocità comunque elevate, dovevo quindi integrare la (1.5). Tuttavia questo compito non è facilmente risolvibile, perché m nella (1.5), a differenza di m_0 nella (1.2), è dipendente dalla velocità.

Ora però questa dipendenza poteva essere eliminata usando le due formule aggiuntive (2.6) e (5.4).

La loro sostituzione nella (1.5) condusse all'equazione differenziale (7.3) (vedi pagina 49), dalla cui integrazione ottenni quindi la formula dell'energia cinetica relativistica.

In questo modo era stata derivata dalla "Lex Secunda" un'altra formula molto importante della teoria della relatività.

Ormai non c'erano più dubbi:

L'applicazione del secondo principio di dinamica conduceva direttamente alla teoria della relatività e il secondo termine $\vec{v}\dfrac{dm}{dt}$ nella (1.5) sembrava esserne *l'anello di connessione*.

Usai quindi un metodo simile, come per l'energia cinetica, per derivare l'accelerazione per velocità qualunque (vedi capitolo 17).

Il risultato fu la conferma di un'altra formula relativistica derivata senza l'uso della trasformazione di Lorentz, che rappresenta il fondamento della teoria della relatività.

Come importante anello della catena di dimostrazioni che conducono fino alla costanza della velocità della luce, mancava solo la derivazione del teorema relativistico di addizione delle velocità.

A questo fine considerai, in un primo momento, un esperimento ideale nel quale viene immaginata una collisione fra due elettroni che si muovono l'uno contro l'altro a velocità uguali.

Usando la formula della massa (5.4) e il teorema di conservazione dell'energia, riuscii così a calcolare una prima dimostrazione del teorema relativistico di composizione delle velocità (vedi capitolo nono) nel caso particolare di velocità uguali.

Incoraggiato da questo ulteriore successo, usai poi un metodo simile a quello del capitolo nono per eseguire una derivazione alternativa del teorema di composizione delle velocità, questa volta però per velocità arbitrarie.

La procedura usata condusse a un calcolo algebrico piuttosto complicato e con molti termini che lasciavano poche speranze di raggiungere il risultato giusto. Nel bel mezzo del calcolo, tuttavia, come per magia, le equazioni si semplificarono sempre di più (vedi le equazioni dopo la relazione 11.5), e infine condussero alla formula relativistica di composizione delle velocità.

Finalmente avevo raggiunto la meta!

Con quest'ultima dimostrazione si era potuto dimostrare che la costanza della velocità della luce, quale fondamento della teoria della relatività ristretta, non è un postulato ma un principio dimostrabile con le leggi della fisica.

In questo modo, si era potuto tracciare un percorso del tutto convincente e intuitivo, collegante la meccanica newtoniana a quella relativistica.

Eppure non ero ancora del tutto soddisfatto.

Con la sequenza di dimostrazioni alternative avevo raggiunto, è vero, il principio della costanza della velocità della luce. Usando questo principio si possono ricavare le trasformazioni di Lorentz seguendo due metodi diversi, così come ci mostra Max Born.

Il primo metodo si avvale di una dimostrazione geometrica piuttosto complicata e perciò difficile da recepire.

Il secondo metodo usa invece una dimostrazione algebrica molto più semplice che però parte dal presupposto piuttosto arbitrario secondo il quale la trasformazione ricercata, essendo lineare, a meno di un fattore da calcolare (si tratta del fattore di Lorentz), sarebbe del tutto affine alla trasformazione galileiana.

Entrambe le dimostrazioni non si accordano con il metodo seguito nel mio lavoro, che invece si avvale dei principi di conservazione dell'energia e della quantità di moto per dimostrare tutte le altre formule relativistiche.

Il problema si riconduceva alla seguente questione: Qual è la via da seguire per dimostrare la contrazione delle lunghezze o la dilatazione del tempo per un sistema di riferimento in moto relativo?

Nel capitolo decimo avevo mostrato che, trovandosi due osservatori in disaccordo sugli intervalli di tempo misurati, esiste una dipendenza del tempo dalla velocità.

L'esperimento ideale usato non aveva però consentito di specificare correttamente questa dipendenza, infatti, partendo dal presupposto arbitrario che gli osservatori misurino le stesse lunghezze, le formule ottenute per i tempi non si trovavano in accordo con quelle relativistiche.

D'altra parte mi trovavo di fronte a un compito apparentemente insolubile, in quanto, nota la velocità, per calcolare correttamente la dilatazione del tempo si doveva conoscere la contrazione dello spazio, che però non si poteva calcolare se prima non si conosceva la dilatazione del tempo.

Per risolvere il problema, dovevo quindi ricorrere a un esperimento ideale nel quale gli osservatori fossero d'accordo su una delle misure, o dei tempi o delle lunghezze.

Questo accade, se il movimento relativo degli osservatori avviene su un asse ortogonale a quello sul quale hanno luogo i processi meccanici unidimensionali che si vogliono esaminare, così come già risulta dalla trasformazione di Galilei per le velocità.

L'esperimento ideale, concepito con i presupposti appena considerati, è descritto nel capitolo dodicesimo. Esso consente di "mettere d'accordo" gli osservatori sull'intervallo di tempo che trascorre prima dell'urto fra due particelle. In questo modo si può calcolare la contrazione della lunghezza senza tenere conto di un'eventuale dilatazione del tempo.

Utilizzando la formula della contrazione delle lunghezze in funzione della velocità, è poi semplicissimo ricavare la trasformazione di Lorentz, come mostrato nel capitolo tredicesimo.

Quest'ultimo passaggio completa così la derivazione alternativa della teoria della relatività speciale.

Appendice

An elementary derivation of $E = mc^2$

Fritz Rohrlich

Department of Physics, Syracuse University, Syracuse, New York 13244–1130

(Received 6 March 1989; accepted for publication 12 April 1989)

The equality $E = mc^2$ is derived in a fashion suitable for presentation in an elementary physics course for nonscience majors. It assumes only 19th-century physics and knowledge of the photon.

Einstein's original derivation of the relation between the inertia and the energy content of a body[1] assumes the knowledge of the relativistic Doppler effect. It was done after his seminal paper on special relativity, but 17 years before Compton's experiments of 1922. Had it been done before 1905 and had the particle properties of the photon already been known at that time, the following derivation could conceivably have been carried out.

One starts with the following four simple assumptions.

(1) The Newtonian formulas for the kinetic energy and the linear momentum of a free body of mass m and speed v, $mv^2/2$ and mv. Correspondingly, one assumes $(v/c)^2 \ll 1$ throughout.

(2) The laws of conservation of energy and momentum, but not the law of conservation of mass believed before 1905 to be valid.

(3) The Doppler effect, which has been known since the first half of the 19th century: Radiation (whether it be sound waves or electromagnetic waves) of speed c and frequency v (when the observer is at rest relative to the source) will be perceived to have that frequency altered by a factor $1 + v/c$ $(1 - v/c)$ when the observer moves relative to the source with speed v and in a direction toward it (away from it).

(4) Electromagnetic radiation (in particular visible light) as produced by a source at rest consists of quanta (photons) that have particle properties: Radiation of frequency v consists of photons of energy hv and momentum hv/c. h and c are *constants*.

If these properties of photons had been known to a 19th-century physicist, these statements would have been the accepted truth of the day. Accept them therefore as the basis for an analysis of the following physical process that could be considered as a thought experiment, but which is not beyond realization.

A source of radiation emits two photons simultaneously while remaining at rest in some (Newtonian!) inertial reference frame R. Conservation of momentum requires these two photons to have equal and opposite momenta, and therefore equal frequencies v. Therefore, they also have equal energies hv. Conservation of energy requires that the internal energy of the source diminishes by an amount

$$\Delta E = 2hv. \tag{1}$$

Assume now that this process is viewed from a different reference frame R', which is moving uniformly relative to the rest frame of the source and in such a way that the source is seen to move with speed v in the same direction as one of the photons. Conservation of momentum then requires the momentum of the source before emission p_i' to be equal to the momentum of the source after emission p_f' together with the two momenta of the photons:

$$p_i' = p_f' + \left(\frac{hv}{c}\right)\left(1 + \frac{v}{c}\right) - \left(\frac{hv}{c}\right)\left(1 - \frac{v}{c}\right).$$

The loss in source momentum, $\Delta p'$, is therefore

$$\Delta p' = (2hv/c^2)v. \tag{2}$$

But the source in reference frame R is at rest both before and after emission; in frame R' it must therefore have the same speed v both before and after emission. Now, according to assumption (1) above, the Newtonian formula for momentum is the product of mass times speed. The momentum loss of the source is thus found to *require* a change in mass Δm times v; and that change of mass is found to be

$$\Delta m = 2hv/c^2. \tag{3}$$

Conservation of energy further requires that the initial energy of the source E_i' be equal to its final energy E_f', together with the energies of the two photons:

$$E_i' = E_f' + hv(1 + v/c) + hv(1 - v/c),$$

or

$$\Delta E' = 2hv = \Delta E. \tag{4}$$

Thus the energy loss ΔE of the source is the same in both reference frames, R and R'.

Inserting Eq. (4) into Eq. (3), the change of mass is found to be

$$\Delta m = \Delta E/c^2. \tag{5}$$

One is thus forced to conclude that the emission of the two photons reduces the mass of the source, and this mass loss amounts to an energy loss of $\Delta E = \Delta mc^2$. The equivalence of inertial mass loss and energy loss has thus been derived from the above four assumptions.

One can go one step further and assume that *all* of the mass of the source is used up by emitting photons of large enough frequency; it must be so that $hv = m_i c^2/2$, where m_i is the initial mass of the source. That mass then disappears, and its energy is present in the two photons that have total energy $E = m_i c^2$. Therefore, the mass m_i must have been associated with that amount of energy.

This concludes the elementary derivation. One can add to it several layers of sophistication. The simplest one is to permit the source (as seen from R') to move at an arbitrary angle α relative to one of the photons. This adds a factor $\cos \alpha$ in the Doppler effect. Momentum conservation in R' then requires two equations, one for the parallel and one for the perpendicular components of the momenta. The end result is of course the same.

Another modification would be to assume the relativistic Doppler effect and the relativistic expressions for the linear momentum of the source. One can still maintain $\alpha = 0$ at first. This results in the relativistic relation between the (rest) mass and the total energy (mass energy plus kinetic energy) of the source. If a finite angle α is also assumed, one returns to the assumptions underlying Einstein's original derivation, and our assumption (4) is no longer necessary to derive Eq. (5).

This article was motivated by the criticism[2] of a faulty derivation in my recent book.[3]

A II.   **(Riferito nei capitoli 2 e 17)**

La formula relativistica della massa $m = m_0/\sqrt{1 - v^2/c^2}$ è utilizzata nell'equazione $F = d(mv)/dt$ del secondo principio della dinamica. La differenziazione conduce direttamente alla formula dell'accelerazione relativistica per velocità arbitrarie. Ciò confuta l'affermazione secondo cui il secondo principio della dinamica sia valido solo per masse costanti.

$$F = m_0 \frac{d}{dt}\, v\left(1 - \frac{v^2}{c^2}\right)^{-0.5}$$

$$F = m_0 \frac{dv}{dt}\left(1 - \frac{v^2}{c^2}\right)^{-0.5} - 0.5 m_0 v \left(1 - \frac{v^2}{c^2}\right)^{-1.5}\left(-2\frac{v}{c^2}\right)\frac{dv}{dt}$$

$$F = m_0 \left(1 - \frac{v^2}{c^2}\right)^{-0.5}\frac{dv}{dt} + m_0 \left(1 - \frac{v^2}{c^2}\right)^{-0.5}\left(1 - \frac{v^2}{c^2}\right)^{-1.0}\frac{v^2}{c^2}\frac{dv}{dt}$$

$$F = m_0 \left(1 - \frac{v^2}{c^2}\right)^{-0.5}\left(1 + \left(1 - \frac{v^2}{c^2}\right)^{-1.0}\frac{v^2}{c^2}\right)\frac{dv}{dt}$$

$$F = m_0 \left(1 - \frac{v^2}{c^2}\right)^{-0.5}\left(1 + \frac{\frac{v^2}{c^2}}{1 - \frac{v^2}{c^2}}\right)\frac{dv}{dt}$$

$$F = m_0 \left(1 - \frac{v^2}{c^2}\right)^{-1.5}\frac{dv}{dt}$$

$$a = \frac{F}{m_0}\left(1 - \frac{v^2}{c^2}\right)^{\frac{3}{2}}$$

A III. **(Riferito nel capitolo 9)**

Per l'esperimento ideale descritto nella Figura 9, viene qui eseguita un'ulteriore derivazione che utilizza la legge di conservazione della quantità di moto.

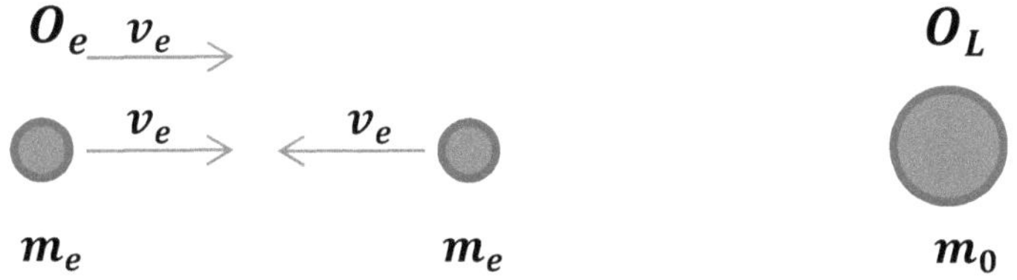

Fig. 9

$$\frac{m_{0e}v_{ee}}{\sqrt{1-\dfrac{v_{ee}^2}{c^2}}} = \frac{2m_{0e}v_e}{1-\dfrac{v_e^2}{c^2}} \qquad \Rightarrow$$

$$\frac{v_{ee}^2}{1-\dfrac{v_{ee}^2}{c^2}} = 4\,\frac{v_e^2}{1-2\dfrac{v_e^2}{c^2}+\dfrac{v_e^4}{c^4}} \qquad \Rightarrow$$

$$v_{ee}^2 - 2\frac{v_{ee}^2 v_e^2}{c^2} + \frac{v_{ee}^2 v_e^4}{c^4} = 4v_e^2 - 4\frac{v_{ee}^2 v_e^2}{c^2} \qquad \Rightarrow$$

$$v_{ee}^2 + 2\frac{v_{ee}^2 v_e^2}{c^2} + \frac{v_{ee}^2 v_e^4}{c^4} = 4v_e^2 \qquad \Rightarrow$$

$$v_{ee} + \frac{v_{ee}v_e^2}{c^2} = 2v_e \qquad \Rightarrow$$

$$v_{ee} = \frac{2v_e}{1+\dfrac{v_e^2}{c^2}} \qquad (9.6)$$

A IV.   (Riferito nel capitolo 11)

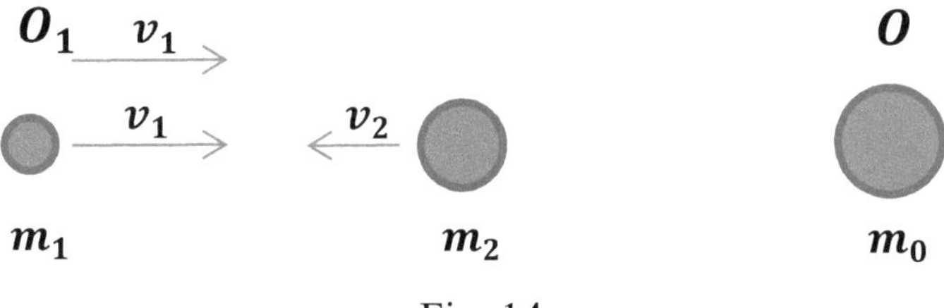

Fig. 14

Con riferimento all'esperimento ideale descritto in Figura 14, viene qui eseguita un'ulteriore dimostrazione, che utilizza la legge di conservazione dell'energia. Dal punto di vista dell'osservatore O_1 risulta:

- m_1 si trova in quiete,

- m_2 si muove con la velocità relativa v_{12}, che qui viene calcolata per velocità qualsiasi (per basse velocità, come è noto, vale la semplice somma algebrica: $v_{12} = v_1 + v_2$),

- m_0 si muove con la velocità v_1.

Per questo la dimostrazione può essere introdotta dalla seguente equazione:

$$m_{01}c^2 + \frac{m_{02}c^2}{\sqrt{1 - \beta_{12}^2}} = \frac{m_0c^2}{\sqrt{1 - \beta_1^2}} \qquad \text{(AIV. 1)}$$

I termini per m_{01} dall'equazione (11.3)

$$\frac{m_{01}}{\sqrt{1 - \beta_1^2}} = \frac{m_{02}}{\sqrt{1 - \beta_2^2}}\frac{\beta_2}{\beta_1} \qquad \text{(11.3)}$$

e per m_0 dall'equazione (11.4)

$$m_0 = \frac{m_{02}}{\sqrt{1 - \beta_2^2}}\left(1 + \frac{\beta_2}{\beta_1}\right) \qquad \text{(11.4)}$$

Vengono utilizzati nell'espressione (AIV.1):

$$\frac{m_{0z}}{\sqrt{1-\beta_2^2}}\frac{\beta_2}{\beta_1}\sqrt{1-\beta_1^2}+\frac{m_{0z}}{\sqrt{1-\beta_{12}^2}}=\frac{m_{0z}}{\sqrt{1-\beta_2^2}\sqrt{1-\beta_1^2}}\left(1+\frac{\beta_2}{\beta_1}\right)$$

$$\frac{\frac{\beta_2}{\beta_1}\sqrt{1-\beta_1^2}\sqrt{1-\beta_{12}^2}+\sqrt{1-\beta_2^2}}{\sqrt{1-\beta_2^2}\sqrt{1-\beta_{12}^2}}=\frac{\left(1+\frac{\beta_2}{\beta_1}\right)}{\sqrt{1-\beta_2^2}\sqrt{1-\beta_1^2}}$$

$$\frac{\beta_2}{\beta_1}(1-\beta_1^2)\sqrt{1-\beta_{12}^2}+\sqrt{1-\beta_2^2}\sqrt{1-\beta_1^2}=\sqrt{1-\beta_{12}^2}+\frac{\beta_2}{\beta_1}\sqrt{1-\beta_{12}^2}$$

$$\frac{\beta_2}{\beta_1}\sqrt{1-\beta_{12}^2}-\beta_1\beta_2\sqrt{1-\beta_{12}^2}+\sqrt{1-\beta_2^2}\sqrt{1-\beta_1^2}=\sqrt{1-\beta_{12}^2}+\frac{\beta_2}{\beta_1}\sqrt{1-\beta_{12}^2}$$

$$\sqrt{1-\beta_2^2}\sqrt{1-\beta_1^2}=(1+\beta_1\beta_2)\sqrt{1-\beta_{12}^2}$$

$$(1-\beta_2^2)(1-\beta_1^2)=(1+\beta_1\beta_2)^2(1-\beta_{12}^2)$$

$$1-\beta_1^2-\beta_2^2+\beta_1^2\beta_2^2=1+2\beta_1\beta_2+\beta_1^2\beta_2^2-(1+\beta_1\beta_2)^2\beta_{12}^2$$

$$-\beta_1^2-\beta_2^2=2\beta_1\beta_2-(1+\beta_1\beta_2)^2\beta_{12}^2$$

$$(1+\beta_1\beta_2)^2\beta_{12}^2=(\beta_1+\beta_2)^2$$

$$\beta_{12}=\frac{\beta_1+\beta_2}{1+\beta_1\beta_2}$$

$$v_{12}=\frac{v_1+v_2}{1+\frac{v_1v_2}{c^2}}\qquad(11.6)$$

Q.E.D.

A V.   (Riferito nel capitolo 1)

Grandezza fisica	Meccanica classica	Meccanica relativistica
Massa	$m = m_0$	$m = \dfrac{m_0}{\sqrt{1 - \dfrac{v^2}{c^2}}}$
Quantità di moto	$p = m_0 v$	$p = \dfrac{m_0 v}{\sqrt{1 - \dfrac{v^2}{c^2}}}$
Accelerazione longitudinale Accelerazione trasversale	$a_L = \dfrac{F_L}{m_0}$ $a_T = \dfrac{F_T}{m_0}$	$a_L = \dfrac{F_L}{m_0}\left(1 - \dfrac{v^2}{c^2}\right)^{\frac{3}{2}}$ $a_T = \dfrac{F_T}{m_0}\left(1 - \dfrac{v^2}{c^2}\right)^{\frac{1}{2}}$
Composizione delle velocità	$v_{12} = v_1 + v_2$	$v_{12} = \dfrac{v_1 + v_2}{1 + \dfrac{v_1 v_2}{c^2}}$
Energia cinetica	$E_k = \dfrac{1}{2} m_0 v^2$	$E_k = \dfrac{m_0 c^2}{\sqrt{1 - \dfrac{v^2}{c^2}}} - m_0 c^2$
Spostamento di frequenza Sorgente→←Rilevatore ← Sorgente Rilevatore →	$f' = f\left(1 + \dfrac{v}{c}\right)$ $f' = f\left(1 - \dfrac{v}{c}\right)$	$f' = f\sqrt{\dfrac{c + v}{c - v}}$ $f' = f\sqrt{\dfrac{c - v}{c + v}}$
Contrazione delle lunghezze	$l' = l$	$l' = l\sqrt{1 - \dfrac{v^2}{c^2}}$

Dilatazione del tempo	$t' = t$	$t' = \dfrac{t}{\sqrt{1 - \dfrac{v^2}{c^2}}}$
Trasformazione per lo spazio	$x' = x - vt$	$x' = \dfrac{x - vt}{\sqrt{1 - \dfrac{v^2}{c^2}}}$
Trasformazione per il tempo	$t' = t$	$t' = \dfrac{t - \dfrac{xv}{c^2}}{\sqrt{1 - \dfrac{v^2}{c^2}}}$

Le formule relativistiche della **Massa**, dell'**Accelerazione** e dell'**Energia Cinetica** possono essere derivate direttamente dalla Seconda Legge della Dinamica in connessione con il Principio di Equivalenza $E = mc^2$.

Bibliografia delle opere citate

John Stache – Einsteins Annus mirabilis

Max Born – Die Relativitätstheorie Einsteins

Franz von Krbek – Grundlagen der Mechanik

Wolfgang Pauli – Teoria della Relatività

Albert Einstein – Come io vedo il mondo – La teoria della relatività

Brandes & Czerniawski – Spezielle und Allgemeine Relativitätstheorie